高等学校人工智能 教育丛书

MindSpore 深度学习入门与实践

主　编　李万清

副主编　张俊峰　李　桭　刘　俊

参　编　张晓雯　夏一潇　赵志坚　邱长天

西安电子科技大学出版社

内 容 简 介

　　本书分理论和实践两大部分。理论部分介绍了深度学习的相关基础知识,从深度学习的基础知识到简单的卷积神经网络再到更加复杂的循环神经网络、生成对抗网络、深度强化学习,层层递进,由浅入深。实践部分以 2019 年华为新推出并于 2020 年开源的 MindSpore 框架为深度学习的学习工具,将理论部分介绍的深度学习理论知识运用到实践中,使用 MindSpore 框架实现线性拟合、数字图像分类、图片分类等功能,以便读者掌握 MindSpore 框架的使用和深度学习知识的实际运用。

　　本书属于深度学习的入门书,适合于深度学习与机器学习相关领域的初学者或者有一定相关知识经验的学习者、MindSpore 框架的初学者以及对华为 AI 计算框架相关系列感兴趣的读者。

图书在版编目(CIP)数据

MindSpore 深度学习入门与实践 / 李万清主编. —西安: 西安电子科技大学出版社,2022.8
(2023.7 重印)
ISBN 978-7-5606-6510-8

Ⅰ. ①M… Ⅱ. ①李… Ⅲ. ①机器学习 Ⅳ. ①TP181

中国版本图书馆 CIP 数据核字(2022)第 111059 号

策　　划　陈　婷
责任编辑　陈　婷
出版发行　西安电子科技大学出版社(西安市太白南路 2 号)
电　　话　(029)88202421　88201467　　　　邮　　编　710071
网　　址　www.xduph.com　　　　　　　电子邮箱　xdupfxb001@163.com
经　　销　新华书店
印刷单位　陕西天意印务有限责任公司
版　　次　2022 年 8 月第 1 版　　2023 年 7 月第 2 次印刷
开　　本　787 毫米×960 毫米　1/16　印 张　10.5
印　　数　1001～3000 册
字　　数　206 千字
定　　价　30.00 元
ISBN 978-7-5606-6510-8 / TP
XDUP 6812001-2
如有印装问题可调换

前　言

　　自从 AlphaGo 将世界各大围棋高手一个个挑落马下开始，人工智能的热度高涨，并且，人们在日常生活中已经有意无意地使用了各种人工智能的技术，比如车牌识别、人脸识别、语音识别、自动驾驶等。随着人工智能技术的日益成熟与发展，和它密不可分的一个领域——深度学习也成为众多学者的研究对象。与传统机器学习相比，深度学习具有更强的学习能力，并且可以有很多的神经网络层数，因此可以解决很复杂的问题，这些优点让深度学习技术在学术界和工业界受到高度重视。

　　深度学习技术的学习与使用离不开强大的软件框架，目前常用的深度学习框架主要包括 TensorFlow、PyTorch、Keras、MXNet 等。为了降低 AI 应用的开发门槛，提高开发效率，华为于 2019 年推出全新的 MindSpore 深度学习框架，对标流行的 TensorFlow、PyTorch 等主流框架，并于 2020 年正式开源。当前国内关于深度学习的书籍主要侧重于 TensorFlow、PyTorch 框架，鲜有基于 MindSpore 框架介绍深度学习的书籍，仅有一本华为官方出版的《深度学习与 MindSpore 实践》，但此书理论内容较多，并且代码没有注释和解释，不适合初学者使用。

　　本书作者们致力于 MindSpore 框架的推广，围绕深度学习基础知识、MindSpore 的介绍与使用、以 MindSpore 为工具实现深度学习技术的应用三大板块，针对普通高等学校的通识课及专业课教育，以适应高等教育课程改革和创新教育的要求为目标，对 MindSpore 官方的资料进行了整理、丰富和完善，形成了本书。可以说，本书是一本适合深度学习和 MindSpore 框架的初学者使用的工具书。

　　本书理论部分以通俗易懂的语言讲解深度学习的理论知识，从深度学习的曲折发展历史到浅层次的回归问题、分类问题，再到更深层次的生成对抗网络、强化学习等概念，本书都做了比较详细的讲解，能够让读者对深度学习有一个全面并且清晰的认识。实践部分由易到难，从最开始的 MindSpore 框架的安装、API 的解读和使用到利用 MindSpore 框架搭建一个最简单的深度学习网络、利用 MindSpore 框架实现手写数字的识别，再到更复杂的 LSTM 网络的实现等，一步一步地教会读者使用 MindSpore 的操作和实践方法，通过实践进一步加深对深度学习的理解与掌握。文中的代码有比较详细的注释说明，方便读者进行实践操作。

　　本书注重理论讲解与创新实践相结合，对深度学习的理论、技术、实践和发展趋势等进行了较为深入的探讨，比较适合于普通高校通识课及专业课教育，能够满足广大高校教师和学生的授课和学习。在学习本书时，建议首先储备一定的高等数学中微积分、线性代数等相关知识，因为神经网络的反向传播、图像的卷积等知识都是以微积分和线性代数为基础知识进行展开的；其次要具备一定的 Python 语言的基础开发能力，因为使用 MindSpore 框架的开发，绝大部分都是基于 Python 语言进行的，因此拥有一定的 Python 语言的开发能力才更容易上手实践。另外，建议读者在学习本书时，要注意理论与实践相结合，在学习完第一部分的理论知识后，要及时地在第二部分的实践部分找到相应的实验进行练习，以在实际操作中发现问题，并不断思考。

　　本书在编写的过程中，参考了互联网上大量的优秀资料以及一些优秀的书籍，如邱锡鹏的《神经网络与深度学习》、阿斯顿·张的《动手学深度学习》等，在此对这些资料及书籍的作者表示感谢和敬意。由于我们水平有限，书中难免会出现一些不当之处，还望读者朋友们海涵并及时指正，非常感激！

作　者
2022 年 6 月

目　　录

第一部分　理　　论

第二部分 实 践

第一部分 理 论

第 1 章　深度学习与 MindSpore

1.1　机器学习

1.1.1　围棋与人工智能

什么是人工智能?

有一个非常有趣的关于人工智能技术发展的比喻: 它像是一列火车, 本来离你很远, 慢慢地靠近了, 然后一瞬间呼啸而过, 再也追不上了[1]。

围棋与人工智能的关系就很好地印证了这个比喻。围棋被看作是人类智力的最后壁垒。究其原因, 因为围棋计算量太大了, 对于计算机来说, 每一个位置都有黑、白、空三种可能, 那么棋盘对于计算机来说就有 3 的 361 次方种可能, 而宇宙的原子只有 10 的 80 次方, 所以穷举法在这里行不通了。正因为如此, 才有人断言, 人工智能永远不可能攻克围棋。然而, 自 1997 年 IBM 的超级电脑深蓝击败人类国际象棋冠军卡斯帕罗夫及 AlphaGo 出现之后, 这一壁垒不断被打破, 2015 年 10 月, 欧洲围棋冠军樊麾二段 0∶5 被 AlphaGo 横扫, 2016 年, 韩国棋手李世石九段 1∶4 不敌 AlphaGo, 2017 年 5 月, 世界冠军柯洁再次以 0∶3 败于升级版的 AlphaGo。并非仅仅是因为围棋世界冠军李世石和柯洁分别与 AlphaGo 的人机大战, 让人工智能这个概念第一次得到了大范围的普及, 更是因为, 没有任何一个传统领域被人工智能影响得如此彻底, 目前也没有任何一个领域, 人工智能真正超越人类判断, 成为绝尘而去的火车。

所以, 人工智能究竟是什么? 简单地讲, 人工智能(Artificial Intelligence, AI)就是让机器具有人类的智能, 这也是人们长期追求的目标。人工智能是计算机科学的一个分支, 它企图了解智能的实质, 并生产出一种新的能以人类智能相似的方式做出反应的智能机器, 该领域的研究包括机器人、语音识别、图像识别、自然语言处理和专家系统等[2]。与很多其他学科不同, 人工智能这个学科的诞生有着明显的标志事件, 就是 1956 年的达特茅斯(Dartmouth)会议。在这次会议上, "人工智能"被提出并作为本研究领域的名称。同时, 人工智能研究的使命也得以确定。John McCarthy(人工智能学科奠基人之一, 1971 年图灵奖得主)提出了人工智能的定义：人工智能就是要让机器的行为看起来就像是人所表现出的智能行为一样。

目前，人工智能的主要应用领域(见图1-1)大体上可以分为以下3个方面[3]：

(1) 感知：模拟人的感知能力，对外部刺激信息(视觉和语音等)进行感知和加工，主要应用领域包括语音信息处理和计算机视觉等。

(2) 学习：模拟人的学习能力，主要研究如何从样例或者从与环境的交互中进行学习，主要应用领域包括监督学习、无监督学习和强化学习等。

(3) 认知：模拟人的认知能力，主要应用领域包括知识表示、自然语言理解、推理、规划、决策等。

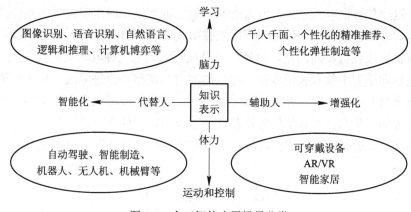

图 1-1　人工智能应用场景分类

1.1.2　什么是机器学习

通俗地讲，机器学习(Machine Learning，ML)就是让计算机从数据中进行自动学习，得到某种知识(或规律)[4]。作为一门学科，机器学习通常指一类问题以及解决这类问题的方法，即如何从观测数据(样本)中寻找规律，并利用学习到的规律(模型)对未知或者无法观测的数据进行预测。

机器学习这门学科的建立与发展来源于对人脑工作过程的模拟，因此机器学习的过程和人类对历史经验归纳的过程有诸多相似之处(见图1-2)。人类在生活过程中获得的"规律"来源于人类对自身在成长、生活过程中积累的众多历史经验的定期"归纳"。当人类遇到未知的问题时，使用这些"规律"，对未知问题与未来进行"推测"，从而指导自己的生活和工作。机器学习中的"训练"与"预测"过程可以对应到人类的"归纳"和"推测"过程[5]。通过这样的对应，我们可以发现，机器学习的思想并不复杂，仅仅是对人类在生活中学习成长的一个模拟。

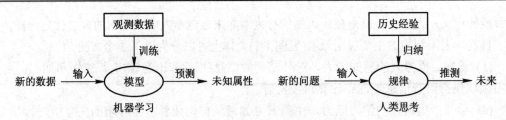

图 1-2　机器学习与人类思考的对比

在早期的工程领域，机器学习也经常被称为模式识别(Pattern Recognition，PR)，但模式识别更偏向于具体的应用任务，比如语音识别、人脸识别等。这些任务的特点是，对于人类而言，这些任务很容易完成，但人类并不能很细致地知道实现这些任务的过程和具体的机理，因此也很难设计一个计算机程序来模拟人类完成这些任务。和传统编程以明确的指令使计算机完成任务不同的是，机器学习是通过"训练"使其学习如何完成任务的[6]。"训练"包括向模型中载入大量数据，并且能够自动调整和改进算法。举例来说，人们收集数十万甚至数百万张图片，并一一标记。比如，人类可以标记当中有猫的图片，而不标记那些没有猫的，那么，"训练"尝试建立一个模型，以像人一样准确地标记包含猫的图片。一旦达到一定的精确度，我们就可以认为机器现在"学会"了识别猫的样子。

1.2　深度学习

1.2.1　什么是深度学习

深度学习(Deep Learning，DL)是机器学习领域一个新的研究方向，它被引入机器学习使其更接近于最初的目标——人工智能[7]。

深度学习是学习样本数据的内在规律和表示层次，这些在学习过程中获得的信息对诸如文字、图像和声音等数据的解释有很大的帮助。它的最终目标是让机器能够像人一样具有分析学习能力，能够识别文字、图像和声音等数据。深度学习是一个复杂的机器学习算法，其在图像识别、自然语言处理方面所取得的成果，远远优于先前的相关技术。

从深度学习的定义中，我们可以得知深度学习是机器学习的一种，是机器学习的子集。同时，与一般的机器学习不同，深度学习强调以下 3 点[8]：

(1) 强调模型结构的重要性。深度学习的神经网络是深层神经网络(Deep Neural Network，DNN)，其中的隐藏层(有时称为隐含层、隐层)往往不止一层，是具有多个隐藏层的深层神经网络，而不是传统的"浅层神经网络"，这也正是"深度学习"名称的由来。

(2) 强调非线性处理。线性函数的特点是具备齐次性和可加性，因此线性函数的叠加仍然是线性函数，如果不采用非线性转换，多层的线性神经网络就会退化成单层的神经网络，最终导致学习能力低下。深度学习引入了激活函数，实现了对计算结果的非线性转换，避免了多层神经网络退化成单层神经网络，极大地提高了学习能力。

(3) 强调特征提取和特征转换。深层神经网络可以自动提取特征，将简单的特征组合成复杂的特征，也就是说，通过逐层特征转换，将样本在原空间的特征转换为更高维度空间的特征，从而使分类或预测更加容易。与人工提取复杂特征的方法相比，利用大数据来学习特征，能够更快速、方便地刻画数据丰富的内在信息。

1.2.2　深度学习的现实应用

随着深度学习的应用越来越广泛，深度学习革命已经深刻地改变了诸多应用领域，其中最广为人知的分别是计算机视觉、自然语言处理以及语音识别。目前 AI 创业公司也主要集中在这些领域。下面我们就展开来重点介绍这三大应用领域。

1. 计算机视觉

计算机视觉(Computer Vision，CV)，顾名思义就是计算机拥有像人类一样"看"的能力[9]。在这里"看"的具体含义是指：不仅要将当前的图像输入到计算机中，计算机还应该具有智力，可以根据要求针对当前图像输出一定的分析结果。

按照传统机器学习的方法，识别并分类一个图像需经过特征提取、特征筛选，最后将特征向量输入到预先挑选好的分类器才能完成特征分类，这已经成为传统机器学习方法做图像识别的标准流程，并长期无法获得新的突破。

2012 年，Alex Krizhevsky 突破性地提出 AlexNet 网络结构，借助深度学习的算法，将图像特征的提取、筛选和分类三个模块集成于一体，逐层对图像信息进行不同方向的挖掘提取，譬如浅层卷积通常获取的是图像边缘等通用特征，深层卷积获取的一般是特定数据集的特定分布特征。AlexNet 以 15.4%的创纪录的低失误率夺得 2012 年 ILSVRC(ImageNet 大规模图像识别挑战赛)的年度冠军，值得一提的是，当年亚军得主的错误率为 26.2%。AlexNet 超越传统机器学习的完美一役被公认为是深度学习领域中里程碑式的历史事件，一举吹响了深度学习在计算机领域爆炸发展的号角[10]。

自从 Alex 和他的导师 Hinton(深度学习鼻祖)在 2012 年的 ILSVRC 中以超过第二名 10 个百分点的成绩(83.6%的 Top5 精度①)碾压第二名(74.2%的 Top5 精度，使用传统的计算机

---

① Top5 精度是指给出一张图片，模型给出 5 个最有可能的标签，只要在预测的 5 个结果中包含正确标签，即为正确。

视觉方法)后，深度学习真正开始火热，卷积神经网络(CNN)开始成为"家喻户晓"的名字。从 2012 年 AlexNet 的 83.6%到 2013 年 ImageNet 大规模图像识别竞赛冠军的 88.8%，再到 2014 年 VGG 的 92.7%和同年的 GoogLeNet 的 93.3%，终于，到了 2015 年，在 1000 类的图像识别中，微软提出的残差网(ResNet)以 96.43%的 Top5 精度，超过了人类的水平(人类的 Top5 精度为 94.9%)。

2. 自然语言处理

"春风摇曳绿丝柔，一曲黄莺百啭喉。不是江南无此物，为君憔悴却成休。"一首诗用春日江南之景，写尽杨柳飘柔、黄莺婉转之景，却画风一转，一句"为君憔悴却成休"将离人之思念展现到极致。这一首欲抑先扬、技巧满满的五言绝句却是出于一个"冷酷无情"的诗词写作系统——"九歌"之手。九歌(见图 1-3)是清华大学自然语言处理与社会人文计算实验室研发的自动诗歌生成系统，而自动生成诗歌也仅仅是自然语言处理领域众多功能中的冰山一角。

图 1-3　九歌——自动诗歌生成系统首页

自然语言处理(Natural Language Processing，NLP)这个概念本身过于庞大，可以把它分成"自然语言"和"处理"两部分[11]。先来看"自然语言"。区分于计算机语言，自然语言是指汉语、英语、法语等人们日常使用的语言，是人类社会发展演变而来的语言，它是人类学习生活的重要工具。概括说来，自然语言是指人类社会约定俗成的、区别于如程序设计语言的人工语言。然后再来看"处理"。如果只是人工处理的话，那原本就有专门研究语言的语言学，也没必要特地强调"自然"。因此，这个"处理"必须是计算机处理的。但计算机毕竟不是人，无法像人一样处理文本，它需要有自己的处理方式。因此自然语言处理，简单来说即是计算机接收用户自然语言形式的输入，并在内部通过人类所定义的算法进行加工、计算等系列操作，以模拟人类对自然语言的理解，并返回用户所期望的结果。正如机械解放人类的双手一样，自然语言处理的目的在于用计算机代替人工来处理大规模的自然语言信息。它是人工智能、计算机科学、信息工程的交叉领域，涉及统计学、语言学等的知识。由于语言是人类思维的证明，故自然语言处理是人工智能的最高境界，被誉为"人工智能皇冠上的明珠"[11]。

实现人机之间自然、通常的语言通信交流，计算机不仅需要能够明白人类的自然语言文本的含义，也需要能够以自然语言文本的形式来和人类进行交流，表达计算机的意图和思想。前者称为自然语言理解，后者称为自然语言生成。因此，自然语言处理大体包括了自然语言理解和自然语言生成两个部分[12]。

无论实现自然语言理解，还是自然语言生成，都远不如人们原来想象得那么简单，而是十分困难的。从现有的理论和技术现状看，通用的、高质量的自然语言处理系统仍然是较长期的努力目标，但是针对一定应用，具有相当自然语言处理能力的实用系统已经出现，有些已商品化，甚至开始产业化。典型的例子有：多语种数据库和专家系统的自然语言接口、各种机器翻译系统、全文信息检索系统、自动文摘系统等[13]。

3. 语音识别

你是否有过面对微信长达几十秒的语音消息而苦恼的遭遇，这时候我相信有很多朋友都会打开微信的"转文字"功能，这些几十秒的语音顿时就变成了无声的文字，让人感到了安静，这就用到了深度学习领域中的语音识别功能。

与机器进行语言交流，让机器明白你说什么，这是人们长期以来梦寐以求的事情。语音识别，也被称为自动语音识别(Automatic Speech Recognition，ASR)，被比作"机器的听觉系统"。语音识别技术就是让机器通过识别和理解过程把语音信号转变为相应的文本或命令的高技术。

根据识别的对象不同，语音识别任务大体可分为 3 类，即孤立词识别(isolated word recognition)、关键词识别(或称关键词检出，keyword spotting)和连续语音识别[14]。其中，孤立词识别的任务是识别事先已知的孤立的词，如"开机""关机"等；连续语音识别的任务则是识别任意的连续语音，如一个句子或一段话；连续语音流中的关键词检测针对的是连续语音，但它并不识别全部文字，而只是检测已知的若干关键词在何处出现，如在一段话中检测"计算机""世界"这两个词。

根据针对的发音人，可以把语音识别技术分为特定人语音识别和非特定人语音识别，前者只能识别一个或几个人的语音，而后者则可以被任何人使用[15]。显然，非特定人语音识别系统更符合实际需要，但它要比针对特定人的识别困难得多。

语音识别技术发展到今天，它的应用已经变得非常广泛，经常在日常生活中遇到，其常见的应用领域有：语音输入系统、语音控制系统、智能对话查询系统等。语音输入系统常见于输入法中的语音输入转文字的功能，使用语音输入的方法相比于传统的键盘输入方法更高效，也更符合人的日常使用习惯；语音控制系统即用语音来控制设备的运行，相对于手动控制来说更加快捷、方便，可以用在诸如工业控制、语音拨号系统、智能家电、声控智能玩具等许多领域；智能对话查询系统根据客户的语音进行操作，为用户提供自然、友好的数据库检索服务，例如家庭服务、宾馆服务、旅行社服务、订票服务、医疗服务、银行服务、股票查询服务等[16]。

1.3 常用的深度学习框架

在深度学习中，一般通过误差反向传播算法来进行参数学习。采用手工方式计算梯度再写代码实现的方式会非常低效，并且容易出错。此外，深度学习模型需要的计算机资源比较多，一般需要在 CPU 和 GPU 之间不断地进行切换，开发难度也比较大。因此，一些支持自动梯度计算、CPU 和 GPU 间无缝切换等功能的深度学习框架就应运而生了[13]。比较有代表性的框架包括：TensorFlow、PyTorch、MXNet、DL4J、Keras 等。

1. TensorFlow①

TensorFlow 于 2015 年 11 月由谷歌(Google)出品，基于 Python 和 C++编写。TensorFlow 是一个使用数据流图进行数值计算的开源软件库。图中的节点表示数学运算，而图中的边表示在它们之间流动的多维数据阵列(张量：Tensor)，可以在任意具备 CPU 或者 GPU 的设备上运行[17]。TensorFlow 最初是由 Google 大脑小组(隶属于 Google 机器智能研究机构)的研究员和工程师们开发出来的，用于机器学习和深度神经网络方面的研究，但 TensorFlow 的通用性使其也可广泛用于其他计算领域。

2. PyTorch②

PyTorch 是由 Facebook、NVIDIA、Twitter 等公司开发维护的深度学习框架，其底层和 Torch 框架一样，但是使用 Python 重新写了很多内容，不仅更加灵活，支持动态图，而且

① TensorFlow：https://www.tensorflow.org/
② PyTorch：http://pytorch.org/

提供了 Python 接口。PyTorch 既可以看作加入了 GPU 支持的 numpy，也可以看作一个拥有自动求导功能的强大的深度神经网络。除了 Facebook 外，它已经被 Twitter、CMU 和 Salesforce 等机构采用。

3. MXNet[①]

MXNet 是一个具有高度延展性的深度学习工具，可用于多种设备。MXNet 支持使用混合符号和命令编程，以最大限度地提高效率和生产力。MXNet 的核心是一个动态依赖调度程序，可以动态地自动并行优化符号和命令操作。其最重要的图形优化层使符号执行更快，内存效率更高。MXNet 便携且轻巧，可有效扩展到多个 GPU 和多台机器。

4. DL4J[②]

Deep Learning 4J(DL4J)是一套基于 Java 语言的神经网络工具包，可以构建、定型和部署神经网络。DL4J 是基于 JVM、聚焦行业应用且提供商业支持的分布式深度学习框架，其宗旨是在合理的时间内解决各类涉及大量数据的问题。它与 Hadoop 和 Spark 集成，可使用任意数量的 GPU 或 CPU 运行。

5. Keras[③]

Keras 于 2015 年 3 月首次发布，拥有"为人类而不是机器设计的 API"之称，得到 Google 的支持。它是一个用于快速构建深度学习原型的高层神经网络库，由纯 Python 编写而成，以 TensorFlow、CNTK、Theano 和 MXNet 为底层引擎，提供简单易用的 API 接口，能够极大地减少一般应用下用户的工作量。

1.4 MindSpore 简 介

MindSpore 是华为公司推出的一种全新的深度学习计算框架，旨在实现易开发、高效执行、全场景覆盖三大目标。

1.4.1 MindSpore 架构

MindSpore 由 MindExpression(ME)、GraphEngine(GE)、MindData(MD)和 MindArmour(MA)四个主要组件组成[18]，如图 1-4 所示。

---

① MXNet：https://mxnet.apache.org

② DL4J：https://deeplearning4j.org

③ Keras：https://keras.io

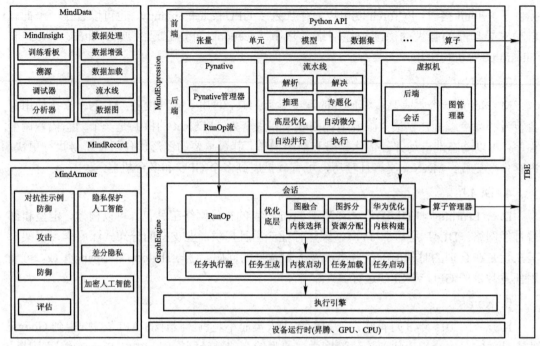

图 1-4　MindSpore 架构

1. ME

ME 为用户提供了 Python 编程范式，具有三个突出特点[19]。

1) 自动微分

ME 采用基于源码转换的自动微分机制，在训练或推理阶段将一段 Python 代码转换为数据流图，用户可以方便地使用 Python 原生控制逻辑来构建复杂的神经网络模型。

目前主流的深度学习框架有三种自动微分技术：

(1) 基于静态计算图的转换：在编译时将网络转换为静态数据流图，然后将链式规则转换为数据流图，实现自动微分。

(2) 基于动态计算图的转换：以算子重载的方式记录前向执行时网络的操作轨迹，然后将链式规则应用到动态生成的数据流图中，实现自动微分。

(3) 基于源码的转换：该技术是从函数式编程框架演化而来的，对中间表达(程序在编译过程中的表达形式)，以即时(Just-In-Time, JIT)编译的形式进行自动微分变换，支持复杂的流程控制场景、高阶函数和闭包。

TensorFlow 早期采用静态计算图，而 PyTorch 采用动态计算图。静态图可以利用静态编译技术优化网络性能，但是组建或调试网络非常复杂。使用动态图非常方便，但很难在性能上达到极限优化。MindSpore 开发了一种新的策略，即基于源码转换的自动微分。一方面，它支持流程控制的自动微分，因此构建像 PyTorch 这样的模型非常方便。另一方面，MindSpore 可以对神经网络进行静态编译优化，从而获得良好的性能。

2) 自动并行(Automatic Parallelization)

由于大规模模型和数据集的不断增加，跨分布式设备并行化深度神经网络(Deep Neural Network DNN)训练已经成为一种常见做法。且当前框架(如 TensorFlow、Caffe 和 MXNet)用于并行化训练的策略仍然简单直接而且通常是次优的。而 MindSpore 的并行化训练任务，透明且高效。"透明"是指用户只需更改一行配置，提交一个版本的 Python 代码，就可以在多个设备上运行这一版本的 Python 代码以进行训练。"高效"是指该算法以最小的代价选择并行策略，降低了计算和通信开销。

3) 动态图

MindSpore 支持动态图，无须引入额外的自动微分机制(如算子重载微分机制)，从而大大增加了动态图和静态图的兼容性。

由于编译器能获得静态图的全局信息，所以静态图在大多数情况下都表现出更好的运行性能。而动态图可以保证更好的易用性，使用户能够更加方便地构建和修改模型。为了同时支持静态图和动态图，大多数先进的训练框架需要维护两种自动微分机制，即基于 Tape 的自动微分机制和基于图的自动微分机制。从开发者的角度来看，维护两套自动微分机制成本较高；从用户的角度来看，在静态模式和动态模式之间切换也相当复杂。

MindSpore 采用了基于源码转换的自动微分机制，同时支持静态图和动态图，高效易用。在 MindSpore 中，称动态图为 Pynative 模式，因为代码使用 Python 解释器在这种模式下运行。从静态图模式切换到动态图模式只需要一行代码，反之亦然。

2. GE

GE 负责硬件相关的资源管理和优化，将平台特有的信息传递给 ME。GE 接收来自 ME 的数据流图，并将该图中的算子调度到目标设备上执行。GE 将数据流图分解为优化后的子图，并将它们调度到不同的设备上。GE 将每个设备抽象为一个执行引擎(Execution Engine)，并提供执行引擎插件机制，用来支持各种不同的设备，而不影响其他组件[19]。

3. MD

MD 负责数据处理，并提供工具来帮助开发者调试和优化模型。通过自动数据加速技术实现了高性能的流水线，以进行数据处理。各种自动增强策略的出现，使用户不必再寻找合适的数据增强策略。训练看板将多种数据集成在一个页面，方便用户查看训练过程。分析器可以打开执行黑匣子，收集执行时间和内存使用的相关数据，从而有针对性地进行性能优化[19]。

4. MA

MA 负责提供工具，以帮助开发者防御对抗性攻击，实现隐私保护的机器学习。在形式方面，MA 提供了以下功能：生成对抗代码、评估模型在特定对抗环境中的性能、开发出更健壮的模型。MA 还支持丰富的隐私保护能力，如差分隐私、机密人工智能计算、可信协同学习等[19]。

1.4.2 端云协同架构

MindSpore 旨在构建一个从端侧到云侧全场景覆盖的人工智能框架，支持"端云"协同能力，包括模型优化、端侧训练和推理、联邦学习等过程，如图 1-5 所示。

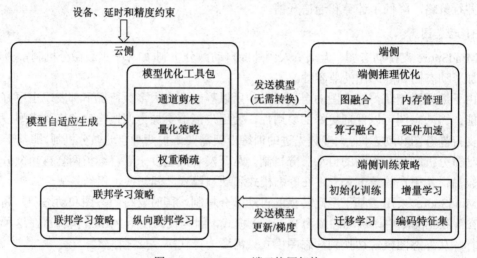

图 1-5   MindSpore 端云协同架构

1. 模型生成与优化工具包

移动和边缘设备通常资源有限，如电源和内存。为了帮助用户利用有限的资源部署模型，MindSpore 将支持一系列优化技术，如模型自适应生成、量化策略等，如图 1-5 左侧所示。模型自适应生成是指应用神经架构搜索(Neural Architecture Search，NAS)技术来生成在不同设备下时延、精度、模型大小均满足需求的模型。

2. 端侧训练和联邦学习

虽然在大型数据集上训练的深度学习模型在一定程度上是通用的，但是在某些场景中，这些模型仍然不适用于用户自己的数据或个性化任务。MindSpore 计划提供端侧训练方案，允许用户训练自己的个性化模型，或对设备上现有的模型进行微调，同时避免了数据隐私、带宽限制和网络连接等问题。端侧将提供多种训练策略，如初始化训练策略、迁移学习、增量学习等。MindSpore 还将支持联邦学习，通过向云侧发送模型更新梯度来共享不同的数据，如图 1-5 所示。基于联邦学习，模型可以学习更多的通用知识。

3. 移动和边缘设备部署

MindSpore 提供轻量级的计算引擎，支持模型在设备上高效执行。在将预先训练好的模型部署到设备侧时，通常需要进行模型转换。然而，这个过程可能导致性能降低和精度损失。在 MindSpore 中，端侧推理模式能够兼容云上训练好的模型，因此，在设备上部署已经训练好的模型时，无须进行转换，这样避免了潜在的性能损失。此外，MindSpore 还内置了针对设备的各种自动优化，例如图和算子融合、精细复杂的内存管理、硬件加速等，如图 1-5 右侧所示。

参 考 文 献

[1]　企鹅号-微达国际. 人工智能对围棋界来说究竟意味着什么？[EB/OL]. [2022-1-3]. https:// cloud.tencent.com/developer/news/249703.

[2]　百度百科. 人工智能[DB/OL]. [2021-12-25]. https://baike.baidu.com/item/ 人工智能 /9180.

[3]　邱锡鹏. 神经网络与深度学习[M]. 北京：机械工业出版社，2020.

[4]　liuy9803. 机器学习概述[EB/OL]. [2021-12-23]. https://blog.csdn.net/liuy9803/article/ details/80457822.

[5]　计算机的潜意识. 从机器学习谈起[EB/OL]. [2021-12-4]. https://www.cnblogs.com/ subconscious/p/4107357.html.

[6]　极客晨星. 人工智能与机器学习的区别是什么？[EB/OL]. [2021-12-5]. https://zhuanlan. zhihu.com/p/76358558.

[7]　MARCUS G，李浩. "深层思维" 公司的亏损和人工智能的未来[J]. 英语文摘，2019，(12)：25-31 .

[8]　铜豌豆. 人工智能、机器学习与深度学习的关系[EB/OL]. [2021-12-9]. https://zhuanlan. zhihu.com/p/103373260.

[9]　华章计算机. 深度学习的发展[EB/OL]. 2019-11-15[2021-4-8]. 　https://bbs.huaweicloud. com/blogs/detail/134107.

[10]　崔雪红. 基于深度学习的轮胎缺陷无损检测与分类技术研究[D]. 青岛：青岛科技大学，2018.

[11]　李龙. 自然语言处理 NLP-攻略地图[EB/OL]. 2020-01-05[2021-05-15]. https://zhuanlan.

zhihu.com/p/101109775.

[12] 李晓理，张博，王康，等. 人工智能的发展及应用[J]. 北京工业大学学报，2020，46(6)：583-590.

[13] 江涛. 百度视频泛需求检索数据处理子系统的设计与实现[D]. 北京：北京交通大学，2014.

[14] 人机与认知实验室. 什么是听觉? 机器听觉? [EB/OL]. [2021-6-25]. https://www.sohu.com/a/115815727_464088.

[15] 传感器技术. 人机交互的语音识别技术 [EB/OL]. [2021-4-09]. https://www.sohu.com/a/224266654_468626.

[16] 魏浩然. 基于统计模型的语音端点检测[D]. 上海：上海师范大学，2017.

[17] 余耀. 微博用户的用户画像研究与构建[D]. 上海：上海交通大学，2017.

[18] MindSpore 官网. MindSpore 教程[EB/OL]. [2021-08-25]. https://www.mindspore.cn/tutorials/zh-CN/r1.3/introduction.html.

[19] 吴建明. MindSpore 技术理解[EB/OL]. 2021-01-23[2021-05-29]. https://www.cnblogs.com/wujianming-110117/p/14317203.html.

第2章　深度学习基础知识

2.1　神　经　网　络

2.1.1　人工神经网络

人工神经网络(Artificial Neural Network，ANN)简称神经网络(Neural Network，NN)，其发展源于研究人员对大脑神经网络的结构模拟[1]，是一种模仿生物神经网络的结构和功能的数学模型或计算模型。尽管目前的模拟很粗略，仍然取得了很大的成功。

生物神经元到M-P模型：生物神经元主要由细胞体、树突和轴突组成，参见图2-1所示。树突和轴突负责传入和传出信息，兴奋性的冲动沿树突抵达细胞体，在细胞膜上累积形成兴奋性电位；相反，抑制性冲动到达细胞膜则形成抑制性电位。两种电位进行累加，若其代数和超过某个阈值，神经元将产生冲动，神经元被激活，产生一个脉冲，传递到下一个神经元。因此，神经元是多输入单输出的信息处理单元，具有空间整合性和阈值性，输入分为兴奋性输入和抑制性输入。按照这个原理，科学家提出了　M-P　模型(取自两个提出者麦卡洛克McCulloch 和皮茨 Pitts 的姓名首字母)。M-P 模型是对生物神经元的建模，作为人工神经网络中的一个神经元，参见图 2-2 所示。

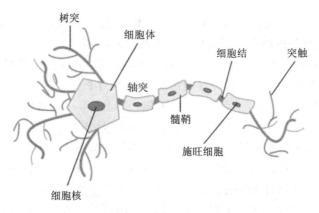

图 2-1　生物神经元

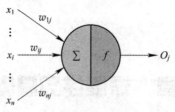

图 2-2　M-P 模型

在 M-P 模型中，我们可以看到与生物神经元的相似之处。某个神经元接收到来自 n 个其他神经元传递过来的输入信号(好比生物学中定义的神经元传输的化学物质)，这些输入信号通过带权重的连接进行传递，某个神经元接收到的总输入值将与它的阈值进行比较，然后通过"激活函数"(亦称响应函数)处理以产生此神经元的输出[2]。图 2-3 可以清晰地看到生物神经元和 M-P 模型的类比。

生物神经元	神经元	输入信号	权值	输出	总和	膜电位	阈值
M-P模型	j	x_i	w_{ij}	o_j	Σ	$\sum_{i=1}^{n} w_{ij} x_i(t)$	T_j

图 2-3　生物神经元与 M-P 模型

此后诞生的各种神经元模型大部分都是由 M-P 模型演变过来的。如果把许多个这样的神经元按照一定的层次结构连接起来，就可以得到相对复杂的多层人工神经网络。

2.1.2　神经网络的发展历史

神经网络的发展有悠久的历史，它的发展过程也充满坎坷，经历了三次高潮和两次衰落[3]。

人们对神经网络的研究可以追溯到 20 世纪 40 年代，并且第一次热潮持续到了 20 世纪 60 年代末，被称为神经网络的启蒙阶段，也是神经网络的第一次兴起。

1943 年，美国心理学家 Warren McCulloch 和数学家 Walter Pitts 最早提出了一种基于简单逻辑运算的人工神经网络，这种神经网络模型称为 M-P 模型。虽然此模型比较简单，但是意义重大，开启了人工神经网络研究的序幕。1949 年，心理学家 Hebb 出版了 *The Organization of Behavior*(《行为组织学》)，他在书中提出了突触连接强度可变的假设。这个假设认为学习过程最终发生在神经元之间的突触部位，突触的连接强度随突触前后神经元的活动而变化。这一假设发展成为后来神经网络中非常著名的 Hebb 规则。这一法则告诉人们，神经元之间突触的连接强度是可变的，这种可变性是学习和记忆的基础。Hebb 法则为构造有学习功能的神经网络模型奠定了基础。1957 年，Rosenblatt 以 M-P 模型为基础，提出了一种可以模拟人类感知能力的神经网络模型，称为感知器(Perceptron)模型。感知器模型具有现代神经网络的基本原则，并且它的结构非常符合神经生理学。它虽然比较简单，却是第一个真正意义上的神经网络。Rosenblatt 的神经网络模型包含了一些现代神经计算机的基本原理，从而成为神经网络方法和技术的重大突破。就这样，神经网络的研究迎来了第一次热潮。

然而在 1969 年，Minsky 等人指出感知器无法解决线性不可分问题，使得神经网络的研究陷入了十多年的低潮。

人工智能的创始人之一 Minsky 和 Papert 对以感知器为代表的网络系统的功能及局限性从数学上做了深入研究，于 1969 年发表了轰动一时的《Perceptrons》一书，指出了神经网络的两个关键缺陷：一是感知器无法处理"异或"回路问题；二是当时的计算机无法支持处理大型神经网络所需的计算能力。这些论断使得人们对以感知器为代表的神经网络产生怀疑，并导致神经网络的研究进入了"寒冬"。

直到 20 世纪 80 年代，David Rumelhar 等人提出了反向传播(Back Propagation，BP)算法，解决了两层神经网络所需的复杂计算量问题，同时克服了 Minsky 所说的神经网络无法解决的异或问题，自此神经网络"重获新机"，迎来了第二次高潮。

20 世纪 80 年代中期，一种连接主义模型开始流行，即分布式并行处理(Parallel Distribution Processing，PDP)模型。反向传播算法也逐渐成为 PDP 模型的主要学习算法。这时，神经网络才又开始引起人们注意，并重新开始成为新的研究热点。反向传播算法是迄今最为成功的神经网络学习算法。

但好景不长，受限于当时数据获取的瓶颈，神经网络只能在中小规模数据上训练，因此过拟合(Overfitting)极大地困扰着神经网络算法。相反，支持向量机(Support Vector Machine，SVM)和其他更简单的方法(例如线性分类器等)数学优美且可解释性强的机器学习算法逐渐成为历史舞台上的"主角"。虽然神经网络可以很容易地增加层数及神经元数量，来构建复杂的网络，但其计算复杂性也会随之增长。加上当时的计算机性能和数据规模不足以支持训练大规模神经网络，使人们对神经网络望而却步，神经网络的研究再一次跌入"谷底"。

尽管神经网络的研究陷入低潮，但 Hinton、Bengio 等人并未停止研究，继续为神经网络的发展打基础。得益于他们的研究成果，自 2011 年起，神经网络就在语音识别和图像识别基准测试中获得了压倒性优势，自此迎来了神经网络的第三次崛起。而且由于卷积神经网络的结构非常适合用于识别图像，再结合那些研究成果，所以也重新受到了人们的重视。

与第二次崛起时不同的是，在这个时期，硬件已得到了进一步的发展，大量训练数据的收集也更加容易。在硬件方面，通过高速的 GPU 并行运算，只需要几个小时即可完成深层网络(例如 10 层网络)的训练。另外，随着互联网的普及，我们能够获得大量的训练数据，进而抑制过拟合。这些外界环境的变化也为神经网络的技术进步提供了有力支撑。

2.2　回　归　问　题

在本节中，我们通过一个简单的模型(线性回归)来具体了解一下机器学习的一般过程。回归问题算法通常是利用一系列属性来预测一个值，预测的值是连续的。例如预测房价、未来的天气情况等等。本书实践部分第 9 章根据一个人的工资和住房面积来预测银行可贷款金额的例子，如果小张的可贷金额是 3 万元，给出小张的工资 6000(元)和房屋面积 58(m^2)，通过回归分析的预测值是 3.1 万元，则认为这是一个比较好的回归分析。

在机器学习问题中，常见的回归分析有线性回归(Linear Regression)、多项式回归(Polynomial Regression)、逻辑回归(Logistics Regression)等。线性回归是机器学习和统计学中最基础和最广泛应用的模型，是一种对自变量和因变量之间关系进行建模的回归分析。自变量数量为 1 时称为简单回归，自变量数量大于 1 时称为多元回归。

我们以一个简单的房屋价格预测作为例子来解释线性回归的基本要素。这个应用的目标是预测一栋房子的售出价格(元)。我们知道这个价格取决于很多因素，如房屋状况、地段、市场行情等。为了简单起见，这里我们假设价格只取决于房屋状况的其中一个因素——面积(平方米)。接下来我们希望探索房屋价格与这个因素的具体关系。

2.2.1　模型

设房屋的面积为 x，售出价格为 y。我们需要建立基于输入 x 来计算输出 y 的表达式，也就是模型(Model)。顾名思义，线性回归假设输出与各个输入之间是线性关系：

$$\hat{y} = wx + b \tag{2-1}$$

其中，w 是权重(Weight)，b 是偏差(Bias)，且均为标量。它们是线性回归模型的参数(Parameter)。模型输出 $\hat{y}$ 是线性回归对真实价格 y 的预测或估计。我们通常允许它们有一定的误差。

2.2.2　模型训练

接下来我们需要通过数据来寻找特定的模型参数值，使模型在数据上的误差尽可能小。这个过程叫作模型训练(Model Training)。下面我们介绍模型训练所涉及的 3 个要素。

1. 训练数据

通常情况下，我们首先会收集一系列真实的数据作为机器学习分析的基础数据，在本示例中即为多栋房屋的真实售出价格和它们对应的面积。而机器学习需要做的就是在这一系列真实数据中进行分析，寻找一组模型参数来使模型的预测价格与真实价格的误差最小。在机器学习中，该真实的数据集被称为训练数据集(Training Data Set)或训练集(Training Set)，该训练集中的一栋房屋被称为一个样本(Sample)，其真实售出价格叫作标签(Label)，用来预测标签的因素叫作特征(Feature)。特征用来表征样本的特点。

假设有一个房屋售价的数据如表 2-1 所示。

表 2-1 房屋售价数据

面积 x/m²	123	150	87	102	109	78	120	112	130	90	80	100	83	...
售价 y/万元	250	320	160	220	225	159	243	220	254	176	170	203	162	...

将这些数据通过图的形式展示出来，如图 2-4 所示。

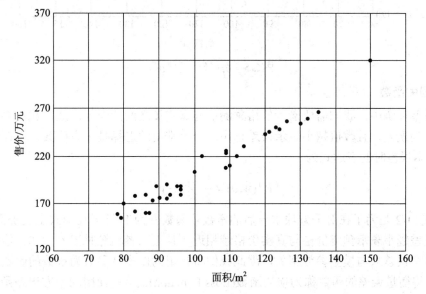

图 2-4 房屋售价图

表 2-1 所给定的数据即为训练数据集。假设我们所使用的训练集的样本数量为 n，其中索引为 i 的样本的特征记为 $x^{(i)}$，标签记为 $y^{(i)}$。则对于索引为 i 的房屋，线性回归的房屋价格预测表达式为

$$\hat{y}^{(i)} = wx^{(i)} + b \tag{2-2}$$

如图 2-5 所示，线性回归的目标就是找到一组最优的 w 和 b，使房屋价格预测值接近表 2-1 中的数据集。

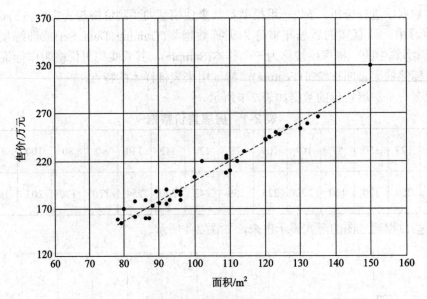

图 2-5　房屋售价预测图

2. 损失函数

在模型训练中，我们需要衡量价格预测值与真实值之间的误差。通常我们会选取一个非负数作为误差，且数值越小表示误差越小。一个常用的选择是平方函数，它在评估索引为 i 的样本误差时的表达式为

$$l^{(i)}(w,b) = \frac{1}{2}(\hat{y}^{(i)} - y^{(i)})^2 \tag{2-3}$$

其中，常数 1/2 是为了在对平方项求导后的常数项系数变为 1，这样在形式上更加简洁一点。显然，误差越小表示预测价格与真实价格越相近，且当二者相等时误差为 0。给定训练数据集，这个误差只与模型参数相关，因此我们将它记为以模型参数为参数的函数。在机器学习里，将衡量误差的函数称为损失函数(Loss Function)。这里使用的平方误差函数也称为平方损失(Square Loss)[4]。

通常，我们用训练数据集中所有样本误差的平均来衡量模型预测的质量，即

$$l(w,b) = \frac{1}{n}\sum_{i=1}^{n} l^{(i)}(w,b) = \frac{1}{n}\sum_{i=1}^{n}\frac{1}{2}(wx^{(i)} + b - y^{(i)})^2 \tag{2-4}$$

在模型训练中，我们希望找出一组模型参数，记为 w^*，b^*，来使训练样本平均损失最小：

$$w^*,b^* = \underset{w,b}{\arg\min}\, l(w,b) \tag{2-5}$$

3. 优化算法

平均损失函数 $l(w,b)$ 对 w 和 b 分别求偏导，导数为 0 时，损失函数最小。

$$\frac{\partial}{\partial w}l(w,b) = \frac{1}{n}\sum_{i=1}^{n}x^{(i)}(wx^{(i)}+b-y^{(i)})$$

$$= \frac{w}{n}\sum_{i=1}^{n}(x^{(i)})^2 + \frac{b}{n}\sum_{i=1}^{n}x^{(i)} - \frac{1}{n}\sum_{i=1}^{n}x^{(i)}y^{(i)}$$

$$= \frac{1}{n}\left(w\sum_{i=1}^{n}(x^{(i)})^2 + b\sum_{i-1}^{n}x^{(i)} - \sum_{i=1}^{n}x^{(i)}y^{(i)}\right) \tag{2-6}$$

$$= \frac{1}{n}\left[w\sum_{i=1}^{n}(x^{(i)})^2 - \sum_{i=1}^{n}(y^{(i)}-b)x^{(i)}\right]$$

$$\frac{\partial'}{\partial b}l(w,b) = \frac{1}{n}\sum_{i=1}^{n}(wx^{(i)}+b-y^{(i)}) = \frac{w}{n}\sum_{i=1}^{n}(x^{(i)}+b-\frac{1}{n}\sum_{i=1}^{n}y^{(i)})$$

$$= \frac{1}{n}\left[nb - \sum_{i=1}^{n}(y^{(i)}-wx^{(i)})\right] \tag{2-7}$$

当导数为 0 时，可以求得损失函数的最小值，即由上面两个公式可以得到最优解 w^* 和 b^*。

$$\frac{\partial}{\partial w}l(w,b) = 0 \Rightarrow \frac{1}{n}\left[w\sum_{i=1}^{n}(x^{(i)})^2 - \sum_{i=1}^{n}(y^{(i)}-b)x^{(i)}\right] = 0 \tag{2-8}$$

$$\frac{b}{\partial w}l(w,b) = 0 \Rightarrow \frac{1}{n}\left[nb - \sum_{i=1}^{n}(y^{(i)}-wx^{(i)})\right] = 0 \tag{2-9}$$

最优解为

$$w^* = \frac{\sum_{i=1}^{n}y^{(i)}(x^{(i)}-\overline{x})}{\sum_{i=1}^{n}(x^{(i)})^2 - \frac{1}{n}\left(\sum_{i=1}^{n}x^{(i)}\right)^2} \tag{2-10}$$

$$b^* = \frac{1}{n}\sum_{i=1}^{n}(y^{(i)}-wx^{(i)}) \tag{2-11}$$

其中，$\overline{x} = \frac{1}{n}\sum_{i=1}^{n}x^{(i)}$。

当模型和损失函数形式较为简单时，上面的误差最小化问题的解可以直接用公式表达出来。这类解叫作解析解(Analytical Solution)。本节使用的线性回归和平方误差刚好属于这个范畴。然而，大多数深度学习模型并没有解析解，只能通过优化算法有限次迭代模型参数来尽可能地降低损失函数的值。这类解叫作数值解(Numerical Solution)。在求数值解的优化算法中，梯度下降(Gradient Descent)在深度学习中被广泛使用，将在 2.5 节详细讲解。

2.3 分 类 问 题

回归可以用于预测多少的问题。比如预测房屋被售出价格，或者棒球队可能获得的胜利数，又或者患者住院的天数等。

事实上，我们经常对分类感兴趣：不是问"多少"，而是问"哪一个"[4]：

- 这朵花的名字叫什么? 玫瑰花? 月季花? 百合花? 还是其他品种的花?
- 该用户会不会喜欢这条短视频?
- 该用户更喜欢喜剧类电影还是科幻类电影?

对于二分类问题，通过给出的样本(x, y)(若为二分类，$y = \{0,1\}$)，确定一个可以对数据实现一分为二的边界，有了这个边界，对于一个新的样本，根据其特征，便能预测其类属。边界可以是一根直线，或是一个圆，或是一个多边形等。下面以图 2-6 所示作为分类问题的例子。

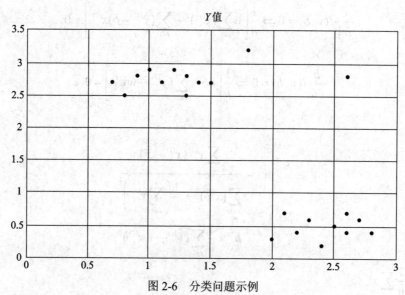

图 2-6　分类问题示例

相比于类似图 2-5 中的回归问题中各个数据点较为集中分布在拟合曲线的两侧，图 2-6 中的各个数据点在图表中形成两个互相关联度较小的聚落，若此时用回归问题的思路来解决此类问题，则会导致较大的误差。

我们从二元分类入手，在二元分类的情况下，依据贝叶斯公式易得，在分别包含 N_1、N_2 个元素的两个类别 C_1，C_2 中，任取一个元素 x 来自 C_1 的概率为

$$P(C_1 \mid x) = \frac{P(x \mid C_1) \times P(C_1)}{P(x \mid C_1) \times P(C_1) + P(x \mid C_2) \times P(C_2)} \tag{2-12}$$

为了得到 x 属于哪个类别，只需要分别求出 x 属于 C_1，C_2 的概率，并做比较，x 属于哪个类别的概率大，则将 x 归入哪个类别。为此我们需要获得 $P(x \mid C_1)$、$P(x \mid C_2)$、$P(C_1)$、$P(C_2)$ 4 个概率值。求出 4 个概率值的过程，就是分类问题的模型训练。

而多元分类问题我们一般选择将其转化为 n 个二元分类问题来解决。首先单独取出一类，并将其余 n-1 类共同划为一类，并重复此过程，选择概率最大的一类作为最终结果。

2.4　前　向　传　播

前向传播常用于求解神经网络的梯度下降的 BP 算法中。我们知道，神经网络实际上可视作输入 X 到输出 Y 的映射函数，在神经网络中对神经网络一层的节点及对应的连接权值进行加权和运算，得到结果再加上一个偏置项，然后通过激活函数得到本层节点的输出。通过这种方法经过层层运算得到输出层结果的方式就是前向传播。

如图 2-7 的简易卷积网络，设 a 到 b 层的权重设为 $w_{a_i b_j}$，b 到 y 层的权重 $w_{b_i y_j}$ 则在不考虑偏置项和激活函数的情况下，易得

$$Y_b = \sum w_{a_i b_j} \times a_i, \quad Y_y = w_{b_i y_j} \times a_i \tag{2-13}$$

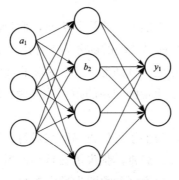

图 2-7　简易的卷积神经网络

因此，可归纳出，对于神经网络的每一层，前向传播的公式均可表示为

$$Y_i = f\left(\sum w_i \times a_i + b\right) \tag{2-14}$$

其中，Y 为下一层节点值，a 为上一层节点值，w 为对应连接权值，b 为偏置项(bias)，$f(x)$ 为激活函数。

2.5　梯　度　下　降

顾名思义，梯度下降法就是通过找到梯度下降的方向求解极小值。所以，了解梯度下降法要先了解梯度的概念。

2.5.1　梯度

梯度在数学上一般用来表示某一函数在该点处的方向导数沿该方向取最大值，即该函数在该点处沿梯度的方向变化最快。

对于线性函数来说，梯度为线性函数的斜率，对于二元函数来说，设二元函数 $z=f(x, y)$ 在平面区域 D 上具有一阶连续偏导数，则对于每一个点 $P(x, y)$ 都可定出一个向量：

$$\left\{\left(\frac{\partial f}{\partial x}\right), \left(\frac{\partial f}{\partial y}\right)\right\} \tag{2-15}$$

该向量就称为函数 $z=f(x, y)$ 在点 $P(x, y)$ 的梯度。

2.5.2　梯度下降

梯度下降算法可用现实生活中的例子来进行类比，假设我们身处一座大山上的某处，为了尽快走下山，我们会选择当前最陡峭的部分向下行进，走到下一个位置后，观察四周，再选择当前最陡峭的位置向下行进，直到走到某一区域的最低处或山脚下。

在梯度下降的过程中，我们所走的一步的距离抽象为步长，步长决定了在梯度下降过程中沿梯度负方向前进的长度。

为了方便对结果进行研究，我们引入假设函数来对每次得到的结果进行拟合，并引入损失函数来评估模型拟合的程度。通常，损失函数越小，拟合度越高，当损失函数取最小值时，拟合程度最好，对应的假设模型参数即为最优参数。

2.5.3 梯度下降法的一般过程

1. 确定假设函数和损失函数以及终止距离 ε

对于线性回归，假设函数表示为

$$h_\theta = \theta_0 + \theta_1 x_1 + \theta_2 x_2 + \cdots + \theta_n x_n$$

其中 $\theta_i (i = 0, 1, 2, \cdots, n)$ 为模型参数，$x_i (i = 0, 1, 2, \cdots, n)$ 为每个样本的 n 个特征值。故可得该假设函数的损失函数为

$$J(\theta_0, \ \theta_1, \ \cdots, \ \theta_n) = \frac{1}{2n} \sum_{i=1}^{n} (h_\theta(x_1^{(i)}, \ x_2^{(i)}, \ x_3^{(i)}, \ \cdots, \ x_n^{(i)}) - y_i)^2 \tag{2-16}$$

终止距离 ε 的设立为可允许的最大误差。

2. 样本点 x 的损失函数的梯度

对于当前位置的损失函数的梯度，有

$$\frac{\partial}{\partial \theta_i} J(\theta_0, \theta_1, \theta_2, \cdots, \ \theta_n)$$

并用步长乘以损失函数的梯度，得到下降的距离，并确定是否所有的下降距离都小于终止距离 ε，则当前 $\theta_i (i = 0, 1, 2, \cdots, n)$ 为最终结果。

3. 根据梯度下降步长，进行梯度下降迭代

若 2 中得到的下降距离大于 ε，则根据公式：

$$\theta_i = \theta_i - \alpha \left(\frac{\partial}{\partial \theta_i} J(\theta_0, \theta_1, \theta_2, \cdots, \ \theta_n) \right) \tag{2-17}$$

对 θ 进行更新，并重复步骤 2，其中 α 代表学习率(learning rate)，控制模型的学习进度，其决定着目标函数能否收敛到局部最小值以及何时收敛到最小值，是监督学习以及深度学习中重要的超参数。刚开始训练时，α 以 0.001～0.01 为宜，并在一定轮数的训练后逐渐减小。

2.5.4 常见的梯度下降法

1. 批量梯度下降法(Batch Gradient Descent)

批量梯度下降法，是梯度下降法最常用的形式，具体做法也就是在更新参数时使用所

有的样本来进行更新，表达式如下：

$$\theta_i = \theta_i - \alpha \sum_{i=1}^{n} (h_\theta(x_1^{(i)}, \ x_2^{(i)}, \ x_3^{(i)}, \ \cdots, x_n^{(i)}) - y_i)x_i^{(i)} \tag{2-18}$$

假设我们有 n 个样本，这里求梯度的时候要使用所有 n 个样本的梯度数据。

2. 随机梯度下降法(Stochastic Gradient Descent)

随机梯度下降法，其实和批量梯度下降法原理类似，区别在于求梯度时没有用所有的样本的数据，而是仅仅选取一个样本 i 来求梯度。对应的更新公式是：

$$\theta_i = \theta_i - \alpha((h_\theta(x_1^{(i)}, \ x_2^{(i)}, \ \cdots, x_n^{(i)}) - y_i)x_i^{(i)}) \tag{2-19}$$

批量梯度下降法与随机梯度下降法是两个极端，一个采用所有数据来梯度下降，一个仅用一个样本来梯度下降。自然各自的优缺点都非常突出。对于训练速度来说，随机梯度下降法由于每次仅仅采用一个样本来迭代，训练速度很快，而批量梯度下降法在样本量很大的时候，训练速度不能让人满意。对于准确度来说，随机梯度下降法由于仅仅用一个样本决定梯度方向，导致解很有可能不是最优。对于收敛速度来说，由于随机梯度下降法一次迭代一个样本，导致迭代方向变化很大，不能很快地收敛到局部最优解。

3. 小批量梯度下降法(Mini-batch Gradient Descent)

小批量梯度下降法是批量梯度下降法和随机梯度下降法的折中，也就是对于 n 个样本，我们采用其中 K 个样本来迭代，$1<K<n$。一般可以取 $K=10$，当然根据样本的数据，可以调整这个 K 的值。对应的更新公式是：

$$\theta_i = \theta_i - \alpha \sum_{i=t}^{t+k-1} (h_\theta(x_1^{(i)}, x_2^{(i)}, \cdots, x_n^{(i)}) - y_i)x_i^{(i)} \tag{2-20}$$

其中，t，$t+K-1$ 表示抽取的 K 个样本的起止位置。

2.6　链式法则与反向传播

一个神经网络中往往会有上百万个参数，为了使梯度计算更加高效，我们会选择使用反向传播算法。而反向传播算法的应用，最重要的一点就是链式法则的实现。

首先，先简单介绍一下链式法则。假设有由两个函数组合起来的复合函数 $y=f(g(x))$，那么

$$\frac{\partial y}{\partial x} = \frac{\partial y}{\partial g} \cdot \frac{\partial g}{\partial x}$$

那么，链式法则具体要怎么应用在反向传播算法里呢？我们先假设一个三层的神经网络，如图 2-8 所示。

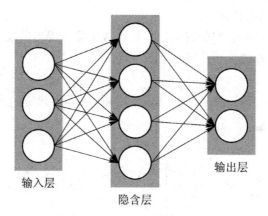

输入层

隐含层

输出层

图 2-8 简单的三层神经网络

该三层神经网络(见图 2-8)的第一层是输入层，记包含的神经元为 i_i，第二层是隐含层，记包含的神经元为 h_i，第三层是输出层，记包含的神经元为 o_i，每条线上标的是层与层之间连接的权重 w_i，激活函数我们默认为 sigmoid 函数。为它们赋上初值后，就可以做一个前向传播的计算了。前向传播算法在前面有过介绍，在此就不再赘述了。得出输出值后，通常情况它与实际值是存在着较大误差的，这时候我们就需要对误差进行反向传播，更新权值，重新计算输出(见图 2-9、图 2-10)。

第一步，计算总误差：

$$\partial E_{\text{total}} = \sum \frac{1}{2}(\text{target} - \text{output})^2$$

若有多个输出值，则分别计算其误差，总误差为两者之和。

第二步，更新隐含层到输出层的权值 w_i。计算总误差对权值 w_i 的偏导，就可知 w_i 对总误差产生了多大的影响：

$$\frac{\partial E_{\text{total}}}{\partial w_i} = \frac{\partial E_{\text{total}}}{\partial \text{out}_{oi}} \times \frac{\partial \text{out}_{oi}}{\partial \text{net}_{oi}} \times \frac{\partial \text{net}_{oi}}{\partial w_i} \qquad (2\text{-}21)$$

其中，∂net_{oi} 表示输出层的输入，∂out_{oi} 表示输出层的输入 ∂net_{oi} 经过激活函数后得到的输出，即 $\partial \text{out}_{oi} = \text{sigmoid}(\partial \text{net}_{oi})$。

然后，根据式子 $w_i^+ = w_i + \eta \times \dfrac{\partial E_{total}}{\partial w_i}$ ，对隐含层到输出层的权值 w_i 进行更新，其中 η 是学习速率。

第三步，更新输入层到隐含层的权值 w_i。方法与第二步大同小异，就是在计算时需要考虑到输出层多个输出值的误差。

最后，更新输出层到隐含层的权值，就算完成了整个误差的反向传播算法，接下来要做的就是代入更新后的权值重新计算，不断迭代。

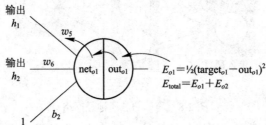

图 2-9　链式法则-1

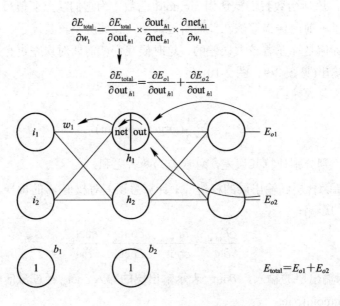

图 2-10　链式法则-2

2.7 优 化 器

优化是机器学习的核心组成部分,目的是找到一个最优解来降低损失函数,并使深度学习的训练时间大大减少。而能将这些目的实现的算法,就是优化器。

优化器可以分为一阶优化器和二阶优化器,二阶优化器由于计算量太大,计算复杂度太高,实际的应用价值并不高,所以下面就介绍一些在深度学习中常用的一阶优化器。

2.7.1 梯度下降算法(Gradient Descent,GD)

梯度下降算法是最经典也是当今最常用的优化算法,核心是最小化目标函数 $J(\theta)$,其中 θ 是指模型中所有要训练的参数。它的方法是,在每次迭代中,对每个变量,按照目标函数在该变量梯度的相反方向,更新对应的参数值。其中,学习率 η 决定了函数到达(局部)最小值的迭代次数。换句话说,我们在目标函数的超平面上,沿着斜率下降的方向前进,直到我们遇到了超平面构成的"谷底"。

1. 批量梯度下降(Batch Gradient Descent)

这是最原始的方式,将所有的训练数据得到的损失,一起计算梯度下降值进行更新参数。其在整个数据集上对每个参数 θ 求目标函数 $J(\theta)$ 的偏导数为

$$\theta = \theta - \eta \cdot \nabla_\theta J(\theta) \tag{2-22}$$

其伪代码如下:

```
for i in range(epochs):
    params_grad = evaluate_gradient(loss_function,data,params)
    params = params - learning_rate * params_grad
```

由于每次更新我们都需要遍历所有训练集求出偏导数,因此它不能以在线的形式更新模型。同时它的速度较慢,也不适用于一些较大的数据集。

2. 随机梯度下降(Stochastic Gradient Descent,SGD)

相比较于批量梯度下降,随机梯度下降的每次参数更新是针对一个样本(x, y)进行梯度计算的,求出的相应的偏导数为

$$\theta = \theta - \eta \cdot \nabla_\theta J(\theta, x^{(i)}, y^{(i)}) \tag{2-23}$$

因为随机梯度下降法每次更新仅对一个样本求梯度,大大加快了运行速度,同时也能

够做到在线学习。但同时由于该算法更新值的方差很大，在频繁的更新下，可能会有因目标函数波动太大而导致跳出鞍点，而收敛太慢的情况，如图 2-11 所示。

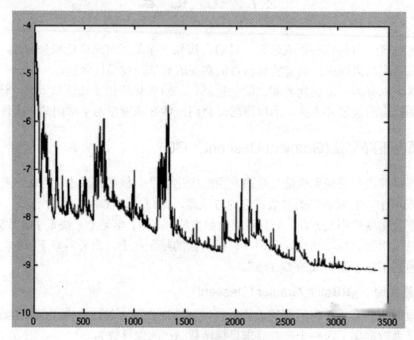

图 2-11　SGD 收敛慢问题

我们可以通过设定一些参数，让步长随着训练的进行而减小，其伪码如下：

```
for i in range(nb_epochs):
    shuffle(data)
    for example in data :
        params_grad = evaluate_gradient(loss_function, example, params)
        params = params - learning_rate * params_grad
```

3. 小批量梯度下降(mini-batch Gradient Descent)

小批量梯度下降法集合了以上两种方法的优势，每次在一个 mini-batch 的训练数据上进行梯度计算，参数更新。这样就避免了计算复杂度过高或者收敛太慢的问题。其形式为：

$$\theta = \theta - \eta \cdot \nabla_{\theta} J(\theta; x^{(i:i+n)}; \ y^{(i:i+n)}) \tag{2-24}$$

对于 mini-batch 的选择取决于显卡的大小，一般取 8～256 都可以。其伪码如下：

```
for i in range (nb_epochs):
```

```
shuffle(data)
    for batch in get_batches(data, batch_size):
        params_grad = evaluate_gradient(loss_function, batch, params)
        params = params - learning_rate * params_grad
```

小批量梯度下降法仍存在几个缺点:

· 对步长比较敏感,步长的选择直接决定了最终的性能。如果步长太大,可能不收敛,如果步长太小,更新太慢。虽然可以选择一些方式随着训练进行步长的修改,但是需要人为设定和干预。

· 对不同的参数采用了相同的步长,我们希望的是对出现频率较高的参数,步长小点,频率低的,步长大点,暂时无法做到。

· 可能在鞍点无法跳出。

2.7.2 动量法(Momentum)

SGD 的更新方向完全依赖于当前 batch 计算出的梯度,因此在其目标函数的局部最优点(比如,某一维变化快)会反复震荡,很难找到正确的更新方向。为了解决这个问题,可以采用 Momentum 动量法,该方法借用了物理中的动量概念——模拟了物体运动时的惯性,即更新的时候在一定程度上保留之前更新的方向,同时利用当前 batch 的梯度微调最终的更新方向,不仅依赖于当前的梯度,也依赖于过去的梯度。其形式为

$$v_t = \gamma v_{t-1} + \alpha \nabla_\theta J(\theta)$$

$$\theta_t = \theta_{t-1} - v_t \tag{2-25}$$

其中 α 为学习率,γ 为动量参数。一般将动量参数 γ 设置为 0.5、0.9、0.99,分别表示最大速度 2 倍、10 倍、100 倍于 SGD 算法。

2.7.3 Nesterov Accelerated Gradient(NAG)

NAG 是在 Momentum 的基础上进行的,基本思路是通过梯度的计算预估下一个参数的近似值。那么,通过基于未来参数的近似值而非当前的参数值计算求出偏导数,我们能让优化器高效地"前进"并收敛。其形式为

$$v_t = \gamma v_{t-1} + \alpha \nabla_\theta J(\theta - \gamma v_{t-1})$$

$$\theta_t = \theta_{t-1} - v_t \tag{2-26}$$

其中 α 为学习率,γ 依旧是被设置为 0.9 左右的动量参数。

2.7.4　AdaGrad

AdaGrad 是一个基于梯度的优化算法，它主要解决了 SGD 需要对所有参数以同样的步长去更新的问题。对不同的参数，它会选择不同的学习率。对于低频出现的参数进行大更新，而对于高频出现的参数则进行小的更新。

首先，我们将在迭代次数 t 下，对参数 θ_i 求目标函数 $J(\theta)$ 梯度的结果为

$$g_{t,i} = \nabla_\theta J(\theta_i) \tag{2-27}$$

如果是普通的 SGD，那么 θ_i 在每一时刻的梯度更新公式为

$$\theta_{t+1,i} = \theta_{t,i} - \alpha \cdot g_{t,i} \tag{2-28}$$

而 AdaGrad 将学习率 α 进行了修正，对迭代次数 t，基于每个参数之前计算的梯度值，将每个参数的学习率 α 按如下方式修正：

$$\theta_{t+1,i} = \theta_{t,i} - \frac{\alpha}{\sqrt{G_{t,ii} + \varepsilon}} \bullet g_{t,i} \tag{2-29}$$

其中 G_t 是一个对角阵，其中对角线上的元素 $(G_t)_{ii}$ 对应参数 θ_i 从第 1 轮到第 t 轮梯度的平方和。ε 是一个平滑项，以避免分母为 0 的情况，它的数量级通常在 e^{-8}。

超参数 α 通常选取 0.001～0.01。

2.7.5　Adadelta

Adadelta 是对 AdaGrad 的改进，旨在解决学习率不断单调下降的问题。Adadelta 只考虑某个窗口之内的梯度。但是要保存窗口长度的梯度比较麻烦，于是，实际上采用过去累积值和当前梯度进行加权的方式，即

$$E[g^2]_t = \gamma E[g^2]_{t-1} + (1-\gamma)g(t)^2 \tag{2-30}$$

γ 取值为 0.9 左右。

根据 AdaGrad 的形式，可以得到 Adadelta 的形式为

$$\theta_{t+1} = \theta_t - \frac{\alpha}{\sqrt{E[g^2]_t + \varepsilon}} \odot g_t = \theta_t - \frac{\alpha}{\mathrm{RMS}([g]_t)} \odot gt \tag{2-31}$$

但是，还有问题，那就是在 t 时刻更新前，无法计算这个 RMS。只能计算一个近似值，

最终，可以应用的 Adadelta 形式为

$$\theta_{t+1} = \theta_t - \frac{\mathrm{RMS}[\Delta\theta]_{t-1}}{\mathrm{RMS}([g]_t)} \odot g_t \tag{2-32}$$

这样的一个好处就是我们不需要设定步长。

2.8　过拟合与欠拟合

过拟合(Overfitting)和欠拟合(Underfitting)是在机器学习中导致模型泛化能力不高的两种常见原因，都是指模型的学习能力与数据本身的复杂度不相匹配。

图 2-12 很直观地展示了三种常见的拟合状态。其中，"过拟合"发生在模型学习能力过强，而样本数据过简的情况下，此时模型往往有着多于数据本身特性的参数，以至于会捕捉到一些训练样本自身的特性，并将其当成所有潜在样本的共性，从而导致泛化能力下降。而"欠拟合"与之相反，发生在模型学习能力较弱，数据复杂度较高的情况下，此时模型无法很好地学习到样本数据的一般特性，导致泛化能力较弱。

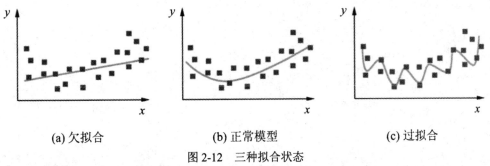

(a) 欠拟合　　　　　　(b) 正常模型　　　　　　(c) 过拟合

图 2-12　三种拟合状态

要解决欠拟合和过拟合这两种不正确的拟合状态，可以分别采取以下这些方法：

1. 欠拟合

· 增加新的特征项来增大假设空间，类似"组合""泛化""相关性"等特征在任何场景都可以适用。

· 添加多项式特征，例如将通过添加二次项或者三次项，使线性模型泛化能力更强。

· 减少正则化参数。

· 调整模型的容量。

2. 过拟合

· 引入正则化方法，找到更稳定的参数，以此来改善过拟合。

- 增加训练数据样本。
- 采用 dropout 方法，训练的时候，在神经网络中以一定的概率忽略一些神经元，完成一个模型的采样选择。

参 考 文 献

[1]　Joannawherever. 数据挖掘：分类之神经网络[EB/OL]. [2021-05-09]. https://zhuanlan.zhihu.com/p/344250200.

[2]　轻舟. 人工神经网络(ANN)简述 [EB/OL]. [2022-01-03]. https://www.jianshu.com/p/f69e16df2623.

[3]　Eason.wxd. 系统学习机器学习之神经网络(十二)：人工神经网络总结[EB/OL]. [2022-01-03]. https://blog.csdn.net/App_12062011/article/details/54290982.

[4]　阿斯顿·张. 动手学深度学习[M]. 第 2 版. 北京：人民邮电出版社，2019.

第3章 卷积神经网络

卷积神经网络(Convolutional Neural Network，CNN)是一种专门用来处理具有类似网格结构的数据的神经网络。例如图像数据(可以看做二维的像素网格)和时间序列数据(可以认为是在时间轴上有规律地采样形成的一维网格)。

卷积神经网络是受生物学上感受野机制的启发而提出的。感受野(Receptive Field)机制主要是指听觉、视觉等神经系统中一些神经元的特性，即神经元只接受其所支配的刺激区域内的信号。在视觉神经系统中，视觉皮层中的神经细胞的输出依赖于视网膜上的光感受器。视网膜上的光感受器受刺激兴奋时，将神经冲动信号传到视觉皮层，但不是所有视觉皮层中的神经元都会接受这些信号。一个神经元的感受野是指视网膜上的特定区域，只有这个区域内的刺激才能够激活该神经元。

卷积神经网络最早主要是使用在图像和视频分析的各种任务(比如图像分类、人脸识别、物体识别、图像分割等)上，其准确率一般也远远超出了其他神经网络模型。近年来卷积神经网络也广泛应用到自然语言处理、推荐系统等领域[1]。

3.1 卷 积

卷积(Convolution)操作是卷积神经网络的基本操作，甚至在网络最后起分类作用的全连接层在工程实现时也是由卷积操作替代的。

卷积运算实际上是分析数学中的一种运算方式，在卷积神经网络中通常涉及离散卷积的情景。卷积操作相当于一个滑动窗口，从左到右、从上到下地滑动(在此节仅讨论二维的卷积操作)。假设输入图像(输入数据)为如图 3-1(a)所示的 5×5 矩阵，其对应的卷积核(Convolution Kernel 或 Convolution Filter)为图 3-1(b)所示的一个 3×3 的矩阵。同时，假定卷积操作时每做一次卷积，卷积核移动一个像素位置，即卷积步长(Stride)为 1。

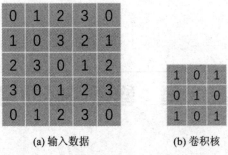

(a) 输入数据   (b) 卷积核

图 3-1 二维场景下的输入数据与卷积核

第一次卷积操作从图像(0，0)像素开始，由卷积中参数与对应位置图像像素逐位相乘后累加作为一次卷积操作的结果，即 $0 \times 1 + 1 \times 0 + 2 \times 1 + 1 \times 0 + 0 \times 1 + 3 \times 0 + 2 \times 1 + 3 \times 0 + 0 \times 1 = 4$，如图 3-2(a)所示。类似地，在步长为 1 时，如图 3-2(b)~图 3-2(d)所示，卷积核按照步长大小在输入图像上从左至右、自上而下依次将卷积操作进行下去，最终输出 3 × 3 大小的卷积特征，同时该结果将作为下一层操作的输入。

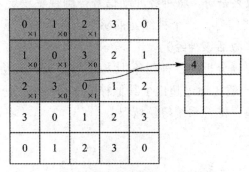

(a) 第一次卷积操作及得到的卷积特征

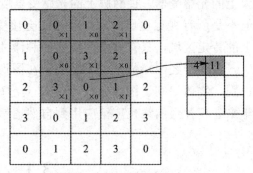

(b) 第二次卷积操作及得到的卷积特征

(c) 第三次卷积操作及得到的卷积特征

(d) 第九次卷积操作及得到的卷积特征

图 3-2 卷积操作示例

可以看到卷积核对输入矩阵重复计算卷积，遍历了整个矩阵，其每一个输出，都对应输入矩阵的一小块局部特征。卷积操作的另一个优点在于，输出的 3 × 3 的矩阵，共享同一个核矩阵，即参数共享(Parameter Sharing)，且图 3-2 的每个卷积操作是独立的。也就是说，并不需要一定按照从左至右、自上而下的顺序来滑动计算卷积，也可以利用并行计算，同时计算所有方块的卷积值，达到高效的目的。

有时想要调整输出矩阵的大小，那么就要提到两个重要的参数，即步长(Stride)和填补(Padding)了。步长的影响如图 3-3 所示，横向移动不再是 1 步，而是设为 2 步，这样就跳过了中间的 3 × 3 方块，而纵向的步长仍为 1。通过设定大于 1 的步长，可以减小输出矩阵的大小。

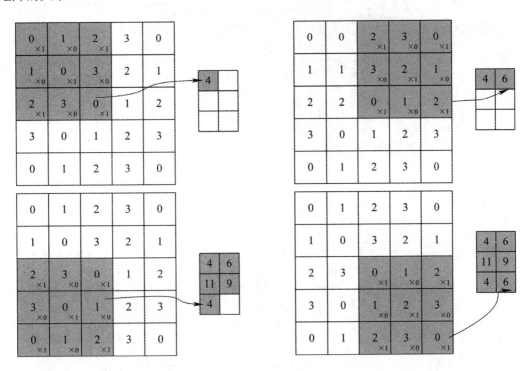

图 3-3　步长为 2 时的卷积操作示例

填补的操作如图 3-4 所示，在原矩阵的四周都填补一栏全为 0 的数值(假像素)，让核矩阵的计算拓展到边缘之外的区域。

填补一方面增加了输出矩阵的大小，另一方面允许核函数以边缘像素为中心进行计算。在卷积计算中，可以通过步长和填补操作，来控制输出矩阵的大小，例如得到相等的或者长、宽各自减半的特征图。

假设图像的尺寸是 input × input，卷积核的大小是 kernel，填充值为 padding，步长为 stride，卷积后输出的尺寸为 output × output，则卷积后，尺寸的计算公式为

$$output = \frac{input - kernel + 2 \times padding}{stride} + 1 \qquad (3\text{-}1)$$

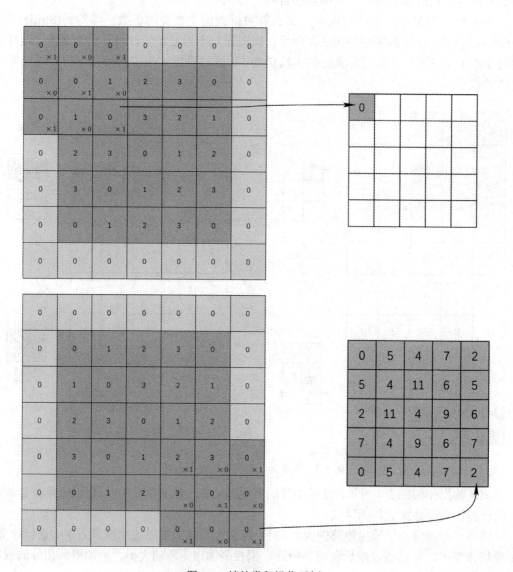

图 3-4　填补卷积操作示例

图 3-2～图 3-4 只展示了图像的其中一个通道的卷积计算方法，即一维卷积，而在实际应用中，我们处理的是具有多个通道的图像，典型的例子是 RGB 图像。RGB 图像是一种三通道图像，通常用于表示彩色图，它由相同行、列的红(Red)、绿(Green)、蓝(Blue)这三通道的数据组成。RGB 图像在参与卷积时，其 R、G、B 三个通道分别与对应的卷积核进行一维卷积，然后将得到的卷积结果进行累加，得到最终的 RGB 图像卷积结果，具体过程如图 3-5 所示。

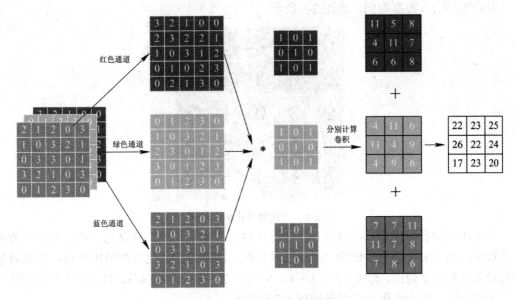

图 3-5 RGB 图像卷积过程

3.2 池 化

池化过程在一般卷积过程后。池化(pooling)的本质，其实就是采样。Pooling 对于输入的 Feature Map，选择某种方式对其进行降维压缩，压缩数据和参数的数量，减小过拟合，同时提高模型的容错性。

同卷积层一样，池化层每次对输入数据的一个固定形状窗口(又称池化窗口)中的元素计算输出。不同于卷积层里计算输入和核的互相关性，池化层直接计算池化窗口内元素的最大值或者平均值。在二维池化中，池化窗口从输入数组的最左上方开始，按从左往右、从上往下的顺序，依次在输入数组上滑动。当池化窗口滑动到某一位置时，窗口中的输入子数组的最大值或者平均值即为输出数组中相应位置的元素。

比如以(2, 2)作为一个池化单位，其含义就是每次将 2 × 2 = 4 个特征值根据池化算法合并成一个特征值，常用的池化算法有以下 2 种：

- 平均值池化：取 4 个特征值的平均值作为新的特征值。
- 最大值池化：取 4 个特征值中最大值作为新的特征值。

3.2.1　平均值池化

以卷积的输入数据为例，如图 3-6 所示。

0	1	2	3	0
1	0	3	2	1
2	3	0	1	2
3	0	1	2	3
0	1	2	3	0

图 3-6　平均值池化输入数据

其实池化和卷积很相似，可以想象成池化也有一个卷积核，只是这个核没有了需要变化的数字，而只剩一个框，即图 3-7(a)的深色框，而要得到池化后的输出数据，则需对框中的输入数据做平均值，即(0 + 1 + 2 + 1 + 0 + 3 + 2 + 3 + 0)/9 = 4/3，其后深色框的平移方式如卷积类似，平均池化后的结果如图 3-7(b)所示。

0	1	2	3	0
1	0	3	2	1
2	3	0	1	2
3	0	1	2	3
0	1	2	3	0

(a)

4/3	5/3	14/9
13/9	4/3	5/3
4/3	13/9	14/9

(b)

图 3-7　平均值池化操作

3.2.2 最大值池化

而最大值池化，顾名思义，池化后的输出数据应为灰度框中的最大值，即数据 max(0, 1, 2, 4, 0, 5, 2, 6, 0) = 6，最终最大值池化结果如图 3-8 所示。

0	1	2	8	0
4	0	5	2	1
2	6	0	1	9
5	0	8	2	3
0	1	2	8	0

6	8	9
8	8	9
8	8	9

图 3-8　最大值池化操作

3.3 激活函数

3.3.1 激活函数的作用

在接触到深度学习(Deep Learning)后，特别是神经网络中，我们会发现在每一层的神经网络输出后都会使用一个函数(比如 sigmoid，tanh，ReLU 等)对结果进行运算，这个函数就是激活函数(Activation Function)。那么为什么需要添加激活函数呢？如果不添加又会产生什么问题呢？

首先，我们知道神经网络模拟了人类神经元的工作机理，激活函数(Activation Function)是一种添加到人工神经网络中的函数，旨在帮助网络学习数据中的复杂模式[2]。在神经元中，输入的 input 经过一系列加权求和后作用于另一个函数，这个函数就是这里的激活函数。类似于人类大脑中基于神经元的模型，激活函数最终决定了是否传递信号以及要传递给下一个神经元的内容。在人工神经网络中，一个节点的激活函数定义了该节点在给定的输入或输入集合下的输出。标准的计算机芯片电路可以看作是根据输入得到开(1)或关(0)输出的数字电路激活函数。

因为神经网络中每一层的输入输出都是一个线性求和的过程，下一层的输出只是承接了上一层输入函数的线性变换，所以如果没有激活函数，那么无论你构造的神经网络多么复杂，有多少层，最后的输出都是输入的线性组合，纯粹的线性组合并不能够解决更为复杂的问题。而引入激活函数之后，我们会发现常见的激活函数都是非线性的，因此也会给神经元引入非线性元素，使得神经网络可以逼近其他的任何非线性函数，这样可以使得神经网络应用到更多非线性模型中。

一般来说，在神经网络中，激活函数是很重要的一部分，为了增强网络的表示能力和学习能力，神经网络的激活函数都是非线性的，通常具有以下几点性质：

· 连续并可导(允许少数点上不可导)，可导的激活函数可以直接利用数值优化的方法来学习网络参数；

· 激活函数及其导数要尽可能简单一些，太复杂不利于提高网络计算率；

· 激活函数的导函数值域要在一个合适的区间内，不能太大也不能太小，否则会影响训练的效率和稳定性。

3.3.2　常用的激活函数

激活函数可以分为线性激活函数(线性方程控制输入到输出的映射，如 $f(x) = x$ 等)以及非线性激活函数(非线性方程控制输入到输出的映射，比如 sigmoid、tanh、ReLU 等)。

1. sigmoid 函数

sigmoid 函数也叫 Logistic 函数，用于隐含层神经元输出，取值范围为(0, 1)，它可以将一个实数映射到(0, 1)的区间，可以用来做二分类。在特征相差比较复杂或是相差不是特别大时效果比较好。sigmoid 作为激活函数有以下优缺点：

· 优点：平滑、易于求导。

· 缺点：我们可以从函数图像很直观地看到，sigmoid 函数是不以 0 为中心的，对所有的参数求导后，发现值是同正同负的，使得所有的参数更新时，只能朝一个方向，这样梯度下降的时候，下降得不够自由，就只能 Z 字形下降，会减慢收敛速度；反向传播时，由于函数具有软饱和性，训练的时候，对于绝对值较大的数，计算出来的梯度非常小，如果多层的梯度相乘，导致计算出来的最终梯度非常小，使得参数几乎无法更新，训练无法正常进行下去，这就是所谓的梯度消失问题，从而无法完成深层网络的训练。

sigmoid 函数由下列公式定义：

$$\mathrm{Sigmoid}(x) = \frac{1}{1 + \mathrm{e}^{-x}} \tag{3-2}$$

sigmoid 函数的图形如 S 曲线，如图 3-9 所示。

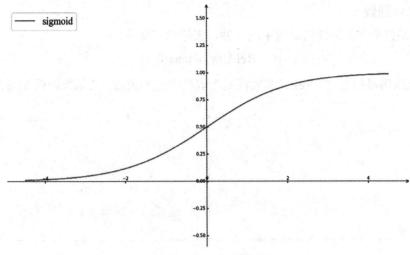

图 3-9　sigmoid 函数图像

2. tanh 函数

tanh 的诞生比 sigmoid 晚一些，sigmoid 函数我们提到过有一个缺点就是输出不以 0 为中心，使得收敛变慢的问题。而 tanh 则就是解决了这个问题。tanh 就是双曲正切函数。函数表达式见下式，其图像如图 3-10 所示，这个函数是一个奇函数。

$$\tanh(x) = \frac{e^x - e^{-x}}{e^x + e^{-x}} \tag{3-3}$$

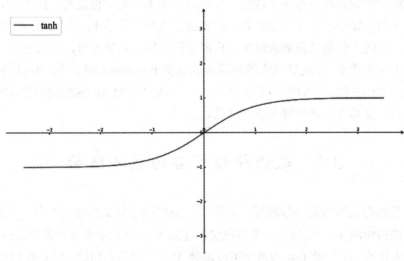

图 3-10　tanh 函数图像

3. ReLU 函数

ReLU 函数是常见的激活函数中的一种，表达形式如下：

$$\mathrm{ReLU}(x) = \max(0, x) \tag{3-4}$$

从表达式可以明显地看出，ReLU 其实就是个取最大值的函数。其函数图像如图 3-11 所示。

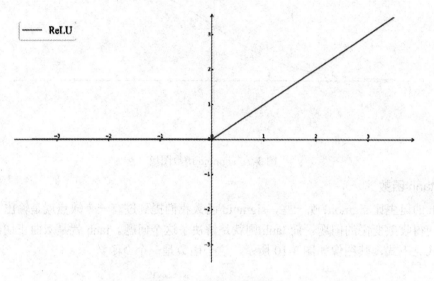

图 3-11　ReLU 函数图像

从表达式和图像都可以看出，这是一个非常简单的函数，但是对于深度学习性能的提升却是非常大的。首先，在 $x>0$ 的时候，函数的导数直接就是 1，不存在梯度衰减的问题。ReLU 的另一个优点就是计算非常简单，只需要使用阈值判断即可，导数也是几乎不用计算。基于以上两个优点，ReLU 的收敛速度要远远快于 sigmoid 和 tanh。ReLU 的第三大优点就是可以产生稀疏性，可以看到小于 0 的部分直接设置为 0，这就使得神经网络的中间输出是稀疏的，能够在一定程度上防止过拟合。

3.4　卷积神经网络的整体结构

一个典型的卷积网络是由卷积层、汇聚层、全连接层交叉堆叠而成[3]。目前常用的卷积网络整体结构如图 3-12 所示。一个卷积块为连续 M 个卷积层和 b 个汇聚层(M 通常设置为 2～5，b 为 0 或 1)。一个卷积网络中可以堆叠 N 个连续的卷积块，然后在后面接着 K 个全连接层(N 的取值区间比较大，比如 1～100 或者更大；K 一般为 0～2)。

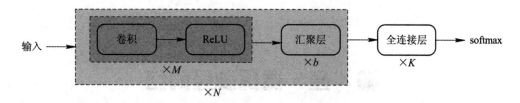

图 3-12 常用的卷积网络整体结构

目前，卷积网络的整体结构趋向于使用更小的卷积核(比如 1×1 和 3×3)以及更深的结构(比如层数大于 50)。此外，由于卷积的操作性越来越灵活(比如不同的步长)，汇聚层的作用也变得越来越小，因此目前比较流行的卷积网络中，汇聚层的比例正在逐渐降低，趋向于全卷积网络。

参 考 文 献

[1] 邱锡鹏. 神经网络与深度学习[M]. 北京：机械工业出版社，2020.

[2] McGL. 关于深度学习模型中的"激活函数"您需要知道的一切[EB/OL]. [2022-01-04]. https:// zhuanlan.zhihu.com/p/101560660.

[3] Avery123123. 第五章 卷积神经网络[EB/OL]. [2022-01-04]. https://blog.csdn.net/ Avery 123123/article/details/103915578.

第 4 章　循环神经网络

4.1　循环神经网络概述

在传统的神经网络模型中，是从输入层到隐含层再到输出层，层与层之间是全连接的，每层之间的节点是无连接的。但是，某些任务需要能够更好地处理序列的信息，即前面的输入和后面的输入是有关系的。比如，当我们要预测句子的下一个单词是什么，一般需要用到前面的单词，因为一个句子中前后单词并不是独立的，当前词语是"中国"，之前的词语是"我是"，那么下一个词语大概率是"人"；当我们处理视频的时候，我们也不能只单独地分析每一帧，而要分析这些帧连接起来的整个序列。这时，就需要用到深度学习领域中另一类非常重要的神经网络：循环神经网络(Recurrent Neural Network，RNN)。

4.2　循环神经网络基本结构

4.2.1　基本循环神经网络

循环神经网络(Recurrent Neural Network，RNN)是一种将节点定向连接成环的人工神经网络，其内部状态可以展示动态时序行为[1]。循环神经网络的主要用途是处理和预测序列数据。循环神经网络最初就是为了刻画一个序列当前的输出与之前信息的关系。从网络结构上来看，循环神经网络会记忆之前的信息，并利用之前的信息影响后面节点的输出。也就是说，循环神经网络的隐含层之间的节点是有连接的，隐含层的输入不仅包含输入层的输出，还包括上一时刻隐含层的输出。

如图 4-1 所示为典型的 RNN 结构示意图。RNN 主体结构的输入，除了来自输入层的 x_t 还有一个循环的边来提供上一时刻的隐含层状态 s_t。在每一时刻，RNN 的模块在读取了 x_t 和 s_{t-1} 之后会产生新的隐藏状态 s_t，并产生本时刻的输出 o_t。RNN 当前的状态是由上一时刻的状态 s_{t-1} 和当前的输入 x_t 共同决定的。对于一个序列数据，可以将这个序列上不同时刻的数据依次传入循环神经网络的输入层；而输出既可以是对序列下一时刻的预测，也可以是对当前时刻信息的处理结果。循环神经网络要求每一时刻都有一个输入，但是不一定每个时刻都有输出。

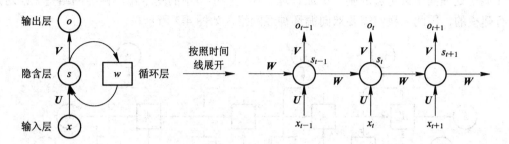

图 4-1 RNN 结构示意图

网络在 t 时刻接收到输入 x_t 之后，隐含层的值是 s_t，输出值是 o_t。s_t 的值不仅仅取决于当前层的输入 x_t，还取决于 s_{t-1}。可以用下式来表示。

$$o_t = g(V \times s_t) \tag{4-1}$$

$$s_t = f(U \times x_t + W \times s_{t-1}) \tag{4-2}$$

式(4-1)是输出层的计算公式，输出层是一个全连接层，即它的每个节点都和隐含层的每个节点相连。V 是输出层的权重矩阵，g 是激活函数。式(4-2)是隐含层的计算公式，它是循环层。U 是输入 x 的权重矩阵，W 是上一次的值作为这一次的输入的权重矩阵，f 是激活函数。

如果反复把式(4-2)带入到式(4-1)，我们将得到：

$$
\begin{aligned}
o_t &= g(V \times s_t) \\
&= g(Vf(Ux_t + Wf(Ux_{t-1} + Ws_{t-2}))) \\
&= g(Vf(Ux_t + Wf(Ux_{t-1} + Wf(Ux_{t-2} + Ws_{t-3})))) \\
&= g(Vf(Ux_t + Wf(Ux_{t-1} + Wf(Ux_{t-2} + Wf(Ux_{t-3} + \cdots)))))
\end{aligned} \tag{4-3}
$$

从上面可以看出，循环神经网络的输出值，是受前面历次输入值 x_t、x_{t-1}、x_{t-2}、x_{t-3}… 影响的，这就是为什么循环神经网络可以往前看任意多个输入值的原因。

4.2.2 双向循环神经网络

在处理语言序列时，很多时候光看前面的词是不够的，比如下面这句话："我的手机坏了，我打算____一部新手机。"可以想象，如果我们只看横线前面的词，"手机坏了"，那么我是打算修一修？换一部新的？还是大哭一场？这些都是无法确定的。但如果我们也看到了横线后面的词是"一部新手机"，那么，横线上的词填"买"的概率就大得多了。在这种情况下，对语言序列的处理，不仅需要使用到前面的单词进行分析，也需要分析后面的单词才能使处理的结果更加准确，更加合理。在上一小节中的基本循环神经网络是无法对此进行建模的，因此，我们需要双向循环神经网络，如图 4-2 所示。

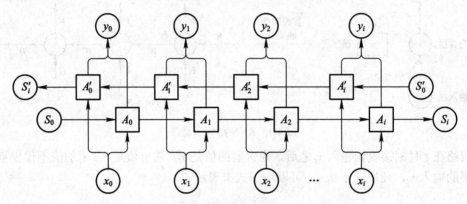

图 4-2　双向循环神经网络

从图 4-2 中可以看出，双向循环神经网络的隐含层要保存两个值，一个值 A 参与正向计算，另一个值 A' 参与反向计算。我们以 y_2 的计算为例，推出循环神经网络的一般规律。最终的输出值 y_2 取决于 A_2 和 A'_2。其计算方式为

$$y_2 = g(VA_2 + V'A'_2) \qquad (4\text{-}4)$$

其中 A_2 和 A'_2 的计算公式分别为

$$A_2 = f(WA_1 + Ux_2) \qquad (4\text{-}5)$$

$$A'_2 = f(W'A'_3 + U'x_2) \qquad (4\text{-}6)$$

分析式(4-4)～式(4-6)可以得出一般的规律：正向计算时，隐含层的值 s_t 与 s_{t-1} 有关，反向计算时，隐含层的值 s'_t 与 s'_{t-1} 有关，最终的输出取决于正向和反向计算的加和。可以根据式(4-4)～式(4-6)写出双向循环神经网络的计算方法：

$$o_t = g(Vs_t + V's'_t) \qquad (4\text{-}7)$$

$$s_t = f(Ws_{t-1} + Ux_t) \qquad (4\text{-}8)$$

$$s'_t = f(W's'_{t+1} + U'x_t) \qquad (4\text{-}9)$$

从上述公式可以看出，正向计算和反向计算不共享权重，也就是说 U 和 U'、W 和 W'、V 和 V' 都是不同的权重矩阵。

4.3 循环神经网络变种

4.3.1 RNN 的局限性

RNN 利用了神经网络的"内部循环"来保留时间序列的上下文信息，可以使用过去的信号数据来推测对当前信号的理解，这是非常重要的进步，并且理论上 RNN 可以保留过去任意时刻的信息[2]。但实际使用 RNN 时往往遇到问题，请看下面这个例子。

假如我们构造了一个语言模型，可以通过当前这一句话的意思来预测下一个词语。现在有这样一句话："我是一个中国人，出生在普通家庭，我最常说汉语，也喜欢写汉字。我喜欢妈妈做的红烧肉。"我们的语言模型在预测"我最常说汉语"的"汉语"这个词时，它要预测"我最常说"这后面可能跟的是一个语言，可能是英语，也可能是汉语，那么它需要用到第一句话的"我是中国人"这段话的意思来推测我最常说汉语，而不是英语、法语等。而在预测"我喜欢妈妈做的红烧肉"的最后的词"红烧肉"时并不需要"我是中国人"这个信息以及其他的信息，它和我是不是一个中国人没有必然的联系。

这个例子告诉我们，想要精确地处理时间序列，有时候我们只需要用到最近的时刻的信息。例如预测"我喜欢妈妈做的红烧肉"最后这个词"红烧肉"，此时信息传递是这样的："红烧肉"这个词与"我"、"喜欢"、"妈妈"、"做"、"的"这几个词关联性比较大，距离也比较近，所以可以直接利用这几个词进行"红烧肉"这个词语的推测。而有时候我们又需要用到很早以前时刻的信息，例如预测"我最常说汉语"最后的这个词"汉语"。此时信息传递是这样的：要预测"汉语"这个词，仅仅依靠"我"、"最"、"常"、"说"这几个词还不能得出我说的是汉语，必须要追溯到更早的句子"我是一个中国人"，由"中国人"这个词语来推测我最常说的是汉语。因此，这种情况下，我们想要推测"汉语"这个词的时候就比前面那个预测"红烧肉"这个词所用到的信息就处于更早的时刻。

而 RNN 虽然在理论上可以保留所有历史时刻的信息，但在实际使用时，信息的传递往往会因为时间间隔太长而逐渐衰减，传递一段时间以后其信息的作用效果就大大降低了[2]。因此，普通 RNN 对于信息的长期依赖问题没有很好的处理办法。

为了克服这个问题，Hochreiter 等人在 1997 年改进了 RNN，提出了一种特殊的 RNN 模型——LSTM 网络，可以学习长期依赖信息，并得到了广泛的应用，取得了极大的成功。

4.3.2　LSTM

1. LSTM 与 RNN 的关系

长短期记忆(Long Short Term Memory，LSTM)网络是一种特殊的 RNN 模型，其特殊的结构设计使得它可以避免长期依赖问题，记住很早时刻的信息是 LSTM 的默认行为，而不需要专门为此付出很大代价。

普通的 RNN 模型中，其重复神经网络模块的链式模型如图 4-3 所示，这个重复的模块只有一个非常简单的结构，一个单一的神经网络层(例如 tanh 层)，这样就会导致信息的处理能力比较低。

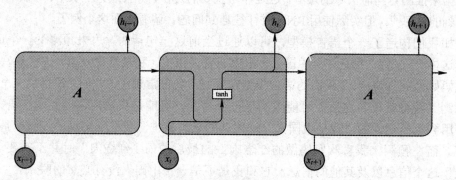

图 4-3　常规 RNN 模型

LSTM 在 RNN 的基础上进行了改进，与 RNN 的基本结构中的循环层不同的是，LSTM 使用了三个"门"结构来控制不同时刻的状态和输出，即"输入门""输出门"和"遗忘门"。(如图 4-4 所示)LSTM 通过"门"结构将短期记忆与长期记忆结合起来，可以缓解梯度消失的问题。

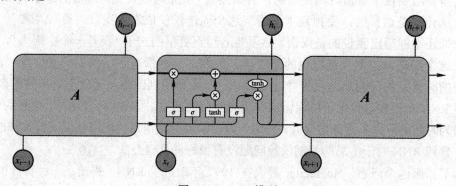

图 4-4　LSTM 模型

在解释这个神经网络层时我们先来认识一些基本的模块表示方法。图 4-4 中的模块分为以下几种，如图 4-5 所示。

神经网络层　　　　逐点操作　　　　向量传递

图 4-5　模块表示方法图示

- 方块：表示一个神经网络层(Neural Network Layer)；
- 圆圈：表示按位操作或逐点操作(Pointwise Operation)，例如向量和、向量乘积等；
- 箭头：表示信号传递(向量传递)。

2. LSTM 的基本思想

LSTM 的关键是细胞状态(cell state)，表示为 C_t，用来保存当前 LSTM 的状态信息并传递到下一时刻的 LSTM 中，也就是 RNN 中那根"自循环"的箭头。当前的 LSTM 接收来自上一个时刻的细胞状态 C_{t-1}，如图 4-6 所示。并与当前 LSTM 接收的信号输入 x_t 共同作用产生当前 LSTM 的细胞状态 C_t，具体的作用方式下面将详细介绍。

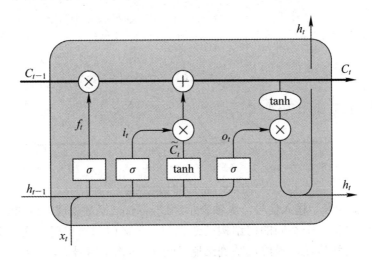

图 4-6　LSTM 的细胞状态

在 LSTM 中，采用专门设计的"门"来引入或者去除细胞状态中 C_t 的信息。门是一种让信息选择性通过的方法。有的门与信号处理中的滤波器有点类似，允许信号部分通过或者通过时被门加工了；有的门也与数字电路中的逻辑门类似，允许信号通过或者不通过。这里所采用的门包含一个 sigmoid 神经网络层和一个按位的乘法操作，如图 4-7 所示。

图 4-7　LSTM 的 "门" 结构

图 4-7 中，方块表示 sigmoid 神经网络层，圆圈表示按位进行乘法操作。sigmoid 神经网络层可以将输入信号转换为 0 到 1 之间的数值，用来描述有多少量的输入信号可以通过。0 表示 "不允许任何量通过"，1 表示 "允许所有量通过"。sigmoid 神经网络层起到类似图 4-8 所示的 sigmoid 函数的作用。

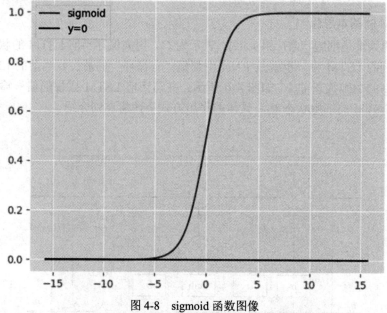

图 4-8　sigmoid 函数图像

图 4-8 中，横轴表示输入信号，纵轴表示经过 sigmoid 函数处理以后的输出信号。

LSTM 主要包括三个不同的门结构：遗忘门、记忆门和输出门。这三个门用来控制 LSTM 的信息保留和传递，最终反映到细胞状态 C_t 和输出信号 h_t。如图 4-9 所示。

图 4-9 中标示了 LSTM 中各个门的构成情况和相互之间的关系，其中：

· 遗忘门由一个 sigmoid 神经网络层和一个按位乘操作构成；

· 记忆门由输入门(input gate)与 tanh 神经网络层和一个按位乘操作构成；

· 输出门(output gate)与 tanh 函数(注意：这里不是 tanh 神经网络层)以及按位乘操作共同作用将细胞状态和输入信号传递到输出端。

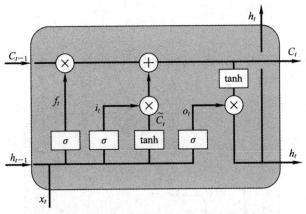

图 4-9 LSTM 的遗忘门、记忆门和输出门

1) 遗忘门

顾名思义，遗忘门的作用就是用来"忘记"信息的。在 LSTM 的使用过程中，有一些信息不是必要的，因此遗忘门的作用就是用来选择这些信息并"忘记"它们。遗忘门决定了细胞状态 C_{t-1} 中的哪些信息将被遗忘。遗忘门的工作原理如图 4-10 所示。

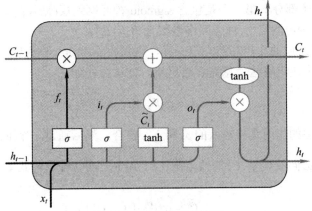

图 4-10 遗忘门工作原理

左边高亮的结构就是遗忘门了，包含一个 sigmoid 神经网络层(黄色方框，神经网络参数为 W_f, b_f)，接收 t 时刻的输入信号 x_t 和 $t-1$ 时刻 LSTM 的上一个输出信号 h_{t-1}，这两个信号进行拼接以后共同输入到 sigmoid 神经网络层中，然后输出信号 f_t。f_t 的计算过程如下：

$$f_t = \sigma(W_f \cdot [h_{t-1}, x_t] + b_f) \tag{4-10}$$

f_t 是一个 0 到 1 之间的数值，其与 C_{t-1} 相乘来决定 C_{t-1} 中的哪些信息将被保留，哪些信息将被舍弃。

2) 记忆门

记忆门的作用与遗忘门相反，它将决定新输入的信息 x_t 和 h_{t-1} 中哪些信息将被保留。记忆门的工作原理如图 4-11 所示。

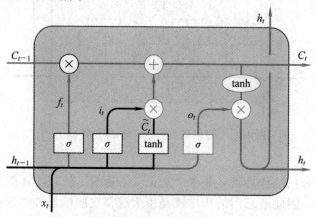

图 4-11　记忆门工作原理

记忆门包含 2 个部分。第一个是包含 sigmoid 神经网络层(输入门层，神经网络参数为 W_i，b_i)和一个 tanh 神经网络层(神经网络参数为 W_c，b_c)。

sigmoid 神经网络层的作用和遗忘门一样，它接收 x_t 和 h_{t-1} 作为输入，然后输出一个 0 到 1 之间的数值 i_t 来决定哪些信息需要被更新。计算公式如下：

$$i_t = \sigma(W_i \cdot [h_{t-1}, x_t] + b_i) \tag{4-11}$$

tanh 神经网络层的作用是将输入的 x_t 和 h_{t-1} 整合，然后通过一个 tanh 神经网络层来创建一个新的状态候选向量 $\tilde{C}_t$，$\tilde{C}_t$ 的值范围在-1 到 1 之间。计算公式如下：

$$\tilde{C}_t = \sigma(W_c \cdot [h_{t-1}, x_t] + b_c) \tag{4-12}$$

记忆门的输出由上述两个神经网络层的输出决定，i_t 与 $\tilde{C}_t$ 相乘来选择哪些信息将被新加入到 t 时刻的细胞状态 C_t 中。

3) 更新细胞状态

有了遗忘门和记忆门，就可以更新细胞状态 C_t 了。将遗忘门的输出 f_t 与上一时刻的细胞状态 C_{t-1} 相乘来选择遗忘和保留一些信息，将记忆门的输出与从遗忘门选择后的信息加和得到新的细胞状态 C_t：

$$C_t = f_t \times C_{t-1} + i_t \times \tilde{C}_t \tag{4-13}$$

此时 t 时刻的细胞状态 C_t 已经包含了需要丢弃的 $t-1$ 时刻传递的信息和 t 时刻从输入信号获取的需要新加入的信息 $i_t \times \tilde{C}_t$。C_t 将继续传递到 $t+1$ 时刻的 LSTM 网络中，作为新的细胞状态传递下去，其过程如图 4-12 所示。

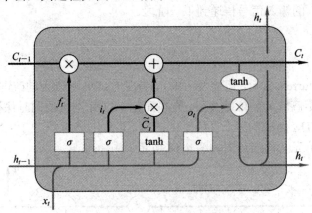

图 4-12　更新细胞状态过程

4) 输出门

最终，我们需要确定输出什么值。这个输出将会基于我们的细胞状态，同时也是一个过滤后的结果。输出门的工作原理如图 4-13 所示。

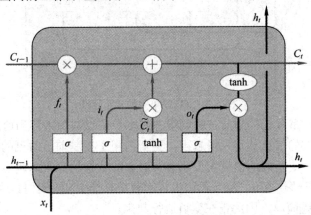

图 4-13　输出门的工作原理

如图 4-13 所示的输出门就是将 $t-1$ 时刻传递过来并经过了前面遗忘门与记忆门选择后的细胞状态 C_{t-1}，与 $t-1$ 时刻的输出信号 h_{t-1} 和 t 时刻的输入信号 x_t 整合到一起作为当前时刻的输出信号。整合的过程如下：

$$o_t = \sigma\left(W_o\left[h_{t-1}, x_t\right] + b_o\right) \tag{4-14}$$

$$h_t = o_t \times \tanh(C_t) \tag{4-15}$$

x_t 和 h_{t-1} 经过一个 sigmoid 神经网络层(神经网络参数为 W_o, b_o)输出一个 0 到 1 之间的数值 o_t。C_t 经过一个 tanh 函数到一个在-1 到 1 之间的数值，并与 o_t 相乘得到输出信号 h_t，同时 h_t 也作为下一个时刻的输入信号传递到下一阶段。

4.3.3　GRU

　　GRU(Gated Recurrent Unit，门控循环单元)是在 LSTM 基础上的改进，为了更好地捕捉时间序列中时间步距离较大的依赖关系。它在简化 LSTM 结构的同时保持着和 LSTM 相同的效果。相比于 LSTM 结构的三个"门"，GRU 将其简化至两个"门"："更新门" z_t 和"重置门" r_t。GRU 的单元结构示意图如图 4-14 所示。

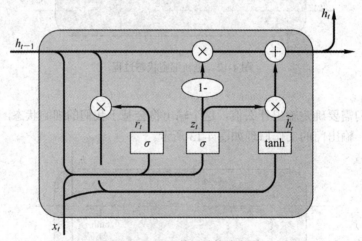

图 4-14　GRU 单元结构示意图

　　从直观上来说，重置门控制前一时刻状态有多少信息被写入到当前的候选集 h_t 上，重置门越小，前一状态的信息被写入得越少；更新门用于控制前一时刻的状态信息被带入到当前状态中的程度，更新门的值越大说明前一时刻的状态信息带入越多。如果我们将重置门设置为 1，更新门设置为 0，那么我们将再次获得标准 RNN 模型。这样做使得 GRU 比标准的 LSTM 模型更简单，因此正在变得流行起来。

　　使用门控机制学习长期依赖关系的基本思想和 LSTM 一致，但还是有一些关键区别：

- GRU 有两个门(重置门与更新门)，而 LSTM 有三个门(输入门、遗忘门和输出门)。
- GRU 并不会控制并保留内部记忆(C_t)，且没有 LSTM 中的输出门。

· LSTM 中的输入与遗忘门对应于 GRU 的更新门，重置门直接作用于前面的隐含状态。GRU 单元计算过程如下：

$$\begin{cases} z_t = \sigma\left(W_z \cdot [h_{t-1}, x_t]\right) \\ r_t = \sigma\left(W_r \cdot [h_{t-1}, x_t]\right) \\ \tilde{h}_t = \tanh\left(W \cdot [r_t \times h_{t-1}, x_t]\right) \\ h_t = (1 - z_t) \times h_{t-1} + z_t \times \tilde{h}_t \end{cases} \tag{4-16}$$

参 考 文 献

[1] 展翅雄鹰. 人工智能：循环神经网络概述[EB/OL]. [2022-01-04].https://zhuanlan.zhihu.com/p/157901726.

[2] 随风. 时间序列分析(4)RNN/LSTM[EB/OL]. [2021-01-04]. https://zhuanlan.zhihu.com/p/62774810.

第5章　生成对抗网络

在图片编辑功能日益便捷的今天，我们可以在图片编辑软件上生成各式各样风格的图片，甚至可以使用自拍照片在图片编辑软件的帮助下生成一张专属的二次元形象。有一个名叫 AnimeGAN 的开源项目(项目地址为：https://huggingface.co/spaces/akhaliq/AnimeGANv2)，使用深度学习方法实现的二次元风格迁移模型，可以将照片生成相应的二次元形象，如图 5-1 所示。并且可以调整风格参数，输出你想要的照片效果，这个项目所用到的就是强大的无监督网络模型——生成对抗网络(Generative Adversarial Networks, GAN)。

图 5-1　AnimeGAN 生成的二次元风格图片

5.1　生成对抗网络概述

生成对抗网络(Generative Adversarial Networks, GAN)是古德费洛(Goodfellow)在 2014 年提出来的一种采用对抗的思路来生成数据的思想。想象我们有两张图片，一张是真的，一张是假的。对人类而言，如何去判断这幅画究竟是伪造的还是真的？比如图 5-2 中，这幅赝作的问题在于"画中人"画得不对，不是人，而是一只兔子，所以可以认为它是假的。

而对于伪造者，他会想：这里是该画人的地方，画得不对，以后在这个地方改进，就可以
画出更真实的画。第二次，等他画出之后，大家可能又会发现又有另外的问题。这样循环
迭代，不断改进，就可以提升生成器(即赝作画家)的水平。同时，侦探的水平也提高了。
这便是生成对抗网络的基本思想[1]。

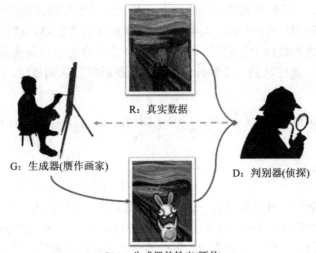

图 5-2　生成对抗网络示意图

5.1.1　GAN 理论与实现

基于上述技术，古德费洛提出了 GAN 的思想。即，设计这样一个游戏，包括两个玩
家，其中一个就是生成器(Generator, G)，它的工作是生成图片，并且使得这个图片看上去
就是来自训练样本，另外一个玩家是判决器(Discriminator, D)，判决输入图片是否真的是训
练样本，而不是生成的。GAN 的模型结构如图 5-3 所示。

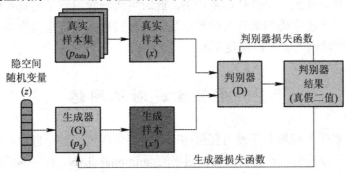

图 5-3　GAN 网络模型结构示意图

判别器 D 的输入由两部分组成，分别是真实数据 x 和生成器生成的数据 x'，其输出通常是一个概率值，表示 D 认定输入是真实分布的概率，若输入来自真实数据，则输出 1，否则输出 0。同时判别器的输出会反馈给 G，用于指导 G 的训练。理想情况下 D 无法判别输入数据是来自真实数据 x 还是生成数据 $G(z)$，即 D 每次的输出概率值都为 1/2(相当于随机猜)，此时模型达到最优。在实际应用中，生成网络 G 和判别网络 D 通常用深层神经网络来实现。

GAN 的思想来自博弈论中的二人零和博弈，生成器和判别器可以看成是博弈中的两个玩家[2]。在模型训练的过程中生成器 G 和判别器 D 会各自更新自身的参数使得损失最小，通过不断迭代优化，最终达到一个纳什均衡状态，此时模型达到最优。GAN 的目标函数定义为

$$\min_{G}\max_{D}V(D,G) = E_{x \sim P_{data}(x)}[\log D(x)] + E_{x \sim P_z(z)}[\log(1 - D(G(z)))] \tag{5-1}$$

5.1.2　生成网络

生成器本质上是一个可微分函数，生成器接收随机变量 z 的输入，经 G 生成假样本 $G(z)$。在 GAN 中，生成器对输入变量 z 基本没有限制，z 通常是一个 100 维的随机编码向量，z 可以是随机噪声或者符合某种分布的变量。生成器理论上可以逐渐学习任何概率分布，经训练后的生成网络可以生成逼真图像，但又不是和真实图像完全一样，即生成网络实际上是学习了训练数据的一个近似分布，这在数据增强应用方面尤为重要。

5.1.3　判别网络

判别器同生成器一样，其本质上也是可微分函数，在 GAN 中，判别器的主要目的是判断输入是否为真实样本，并提供反馈以指导生成器训练。判别器和生成器组成零和游戏的两个玩家，为取得游戏的胜利，判别器和生成器通过训练不断提高自己的判别能力和生成能力，游戏最终会达到一个纳什均衡状态，此时生成器学习到了与真实样本近似的概率分布，判别器已经不能正确判断输入的数据是来自真实样本还是来自生成器生成的假样本 x'，即判别器每次输出的概率值都是 1/2。

5.2　条件生成对抗网络

原始 GAN 对于生成器几乎没有任何约束，使得生成过程过于自由，这在较大图片的情形中模型变得难以控制。条件生成对抗网络(Conditional GAN，CGAN)在原始 GAN 的基础上增加了约束条件，控制了 GAN 过于自由的问题，使网络朝着既定的方向生成样本。

条件生成对抗网络是最基础的 GAN 模型之一。它与 GAN 的不同点在于，CGAN 会在生成器(G)和判别器(D)的建模中额外加入一些条件约束(类似类别标签或者其他有助于样本生成的附加信息(c))引导模型来生成符合条件的数据。CGAN 的模型结构如图 5-4 所示。

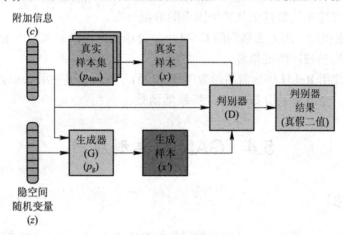

图 5-4　CGAN 模型图

5.3　深度卷积生成对抗网络

原始 GAN 使用的是多层感知机作为 D 和 G，生成图片的质量当然也是有限的。我们知道深度学习中对图像处理应用最好的模型是 CNN，那么有没有办法把 CNN 与 GAN 结合呢？深度卷积生成对抗网络(Deep Convolutional GAN，DCGAN)是这方面最知名的尝试之一。

深度卷积生成对抗网络相较于 GAN 的改进点在于它的卷积神经网络(CNN)架构，这个网络架构极大地提高了 GAN 训练的稳定性以及生成数据的质量，到目前为止仍被广泛使用。深度卷积生成对抗网络 DCGAN 中的 CNN 模型如图 5-5 所示。

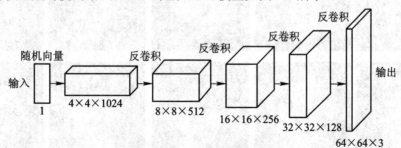

图 5-5　DCGAN 模型中的 CNN

为了使 GAN 能够跟 CNN 较好地适配，DCGAN 提出了以下几点架构建议：

(1) 分别在生成器(G)、判别器(D)中用分数步幅(fractional-strided)卷积、步幅(strided)卷积取代池化。

(2) 在 D 和 G 中使用批归一化(Batch Normalization)，对神经网络每一层的输入进行归一化处理，使最终输出的数据服从某个固定的数据分布。

(3) 去除全连接层，因为在常规的 CNN 中，会添加全连接层来输出最终向量，但由于其参数过多，很容易使网络过拟合。

(4) 在 G 中使用 ReLU 作为激活函数(除输出层)，最后一层使用 tanh 函数。

(5) 在 D 中，全部层采用 LeakyReLU 激活函数。

5.4　GAN 的典型应用

5.4.1　生成数据

目前，数据缺乏仍是限制深度学习发展的重要因素之一，而 GAN 能够从大量的无标签数据中无监督地学习到一个具备生成各种形态(图像、语音、语言等)数据能力的函数(生成器)[3]。以生成图像为例，GAN 能够生成百万级分辨率的高清图像，如 BigGAN、WGAN，WGAN-GP 等优秀的模型。但是 GAN 并不是单纯地对真实数据的复现，而是具有一定的数据内插和外插功能，因此可以达到数据增广的目的。比如用 GAN 来生成一张红颜色的汽车图像，GAN 生成的汽车图像颜色可能变成了黑色，或者在汽车的轮胎、车窗上和原图像有差别，这样一张图就可以生成出很多张不同的图像，与经过剪切、旋转生成的图像相比，使用 GAN 生成的图像数据更符合模型训练的需要。GAN 模型生成图像结果如图 5-6 所示。

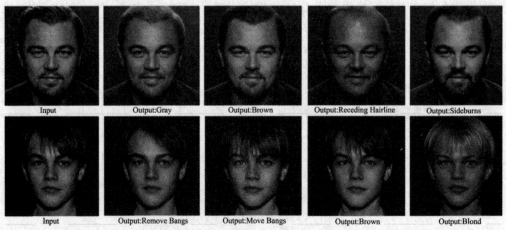

图 5-6　GAN 模型生成图像结果

5.4.2 图像超分辨率

图像超分辨率一直是计算机视觉领域的一个研究热点，超分辨率生成对抗网络 SRGAN(Super-Resolution Generative Adversarial Network)是 GAN 在图像超分辨率应用上的一个成功案例[4]。SRGAN 基于相似性感知方法提出了一种新的损失函数，有效解决了恢复后图像丢失高频细节的问题，并使人能有良好视觉感受。SRGAN 从特征上定义损失，它将生成样本和真实样本分别输入 VGG-19 网络，然后根据得到的特征图的差异来定义损失项，最后将对抗损失、图像平滑项(生成图像的整体方差)和特征图差异这 3 个损失项作为模型的损失函数，得到了很好的效果。图 5-7 是应用在图像超分辨率上的网络模型实验的结果，可以看到 SRGAN 的 PSNR 虽然不是最高，但生成的图像细节、纹理更明显。

模糊图像   SRResNet结果图   SRGAN结果图   高分辨率图像

图 5-7 超分辨率图像生成

5.4.3 风格转换

图像风格迁移是将一张图片的风格"迁移"到另一张图片上。深度学习最早是使用 CNN 框架来实现的，但这样的模型存在训练速度慢，对训练样本要求过高等问题。由于 GAN 的自主学习和生成随机样本的优势，以及降低了对训练样本的要求，使得 GAN 在图像风格迁移领域取得了丰硕的研究成果。本章开篇的实例项目 AnimeGAN 便是基于 GAN 实现的转换图片风格的一个应用。

参考文献

[1] 王飞跃. 生成式对抗网络的现状与展望[EB/OL]. 2018-2-24[2022-01-04]. https://blog. sciencenet.cn/home.php?mod=space&uid=2374&do=blog&id=1101002.

[2] Bixiwen_liu. GAN：生成式对抗网络介绍和其优缺点以及研究现状[EB/OL]. 2016-12-28

[2021-07-28]. https://blog.csdn.net/bixiwen_liu/article/details/53909784.

[3]　梁俊杰，韦舰晶，蒋正锋. 生成对抗网络 GAN 综述[J]. 计算机科学与探索，2020，(14)：11-12.

[4]　博客园. 基于深度学习的图像超分辨率最新进展与趋势[EB/OL]. [2021-12-26]. https://www.cnblogs.com/carsonzhu/p/11122244.html.

第 6 章 深度强化学习

6.1 深度强化学习概述

6.1.1 强化学习

深度强化学习，顾名思义，是深度学习和强化学习的结合，因此要想了解深度强化学习，首先要了解深度学习和强化学习。深度学习我们已在前几章进行简要介绍，我们在这里简单介绍下强化学习。

强化学习(Reinforcement Learning，RL)又称再励学习，是指让强化学习系统与环境进行交互获得的奖赏指导行为来对产生动作的好坏做一种评价，而非直接教导该系统如何产生正确行为的方式使强化学习系统在行动-评价的过程中获得知识，向最佳奖赏靠拢的机器学习算法[1]。不同于监督学习和非监督学习，强化学习不要求预先给定任何数据，而是通过接收环境对动作的奖励(反馈)获得学习信息并更新模型参数。

图 6-1 迷宫中的老鼠就是一个很好的例子。迷宫里会有一些地方有食物和水，还有些地方有电流。老鼠能够选择动作，比如左转、右转以及前进。每一时刻，它都能观察到迷宫的整体状态并据此决定选择什么动作[2]。

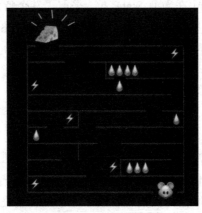

图 6-1 迷宫中的老鼠

老鼠的目的是找到尽可能多的食物，同时尽可能避免被电击。这些食物、水和电信号代表智能体(老鼠)收到的奖励，是环境(迷宫)针对智能体选择的动作所提供的额外反馈。在这个例子中，我们想要的是一套神奇的方法，让老鼠学着自己避开电流并收集尽可能多的食物和水。RL 就是这样一个与监督学习和非监督学习都不一样的神奇工具，它不像监督学习那样需要预定义好标签。没有人将老鼠看到的所有图片标记为好或坏，也没有人给出它需要转向的最佳方向。但是，它也不像非监督学习那样完全不需要其他信息，因为我们有奖励系统。奖励可以是得到食物或水后的正向反馈、遭到电击后的负向反馈，什么都没发生时则无反馈。通过观察奖励并将其与选择的动作关联起来，智能体将学习如何更好地选择动作，也就是获取更多食物或水、受到更少的电击。

强化学习有五个基本组成部分，分别为：

(1) Agent(智能体)：强化学习训练的主体就是 Agent，有时候翻译为"代理"，这里统称为"智能体"。迷宫中的老鼠就是智能体。

(2) Environment(环境)：整个游戏的大背景就是环境；示例中的老鼠、电流、食物、水以及隔板形成的迷宫组成了整个环境。

(3) State(状态)：当前 Environment 和 Agent 所处的状态，因为老鼠一直在移动，食物和水的数目也在不停变化，Agent 的位置也在不停变化，所以整个 State 处于变化中；其中，State 包含了 Agent 和 Environment 的状态。

(4) Action(行动)：基于当前的 State，Agent 可以采取哪些 Action，比如向左或者向右，向上或者向下；Action 依赖于 State，比如上图中很多位置都是有隔板的，很明显老鼠在此 State 下是不能往左或者往右的，只能上下。

(5) Reward(奖励)：Agent 在当前 State 下，采取了某个特定的 Action 后，会获得环境的一定反馈就是 Reward。这里面用 Reward 进行统称，虽然 Reward 翻译成中文是"奖励"的意思，但其在实强化学习中 Reward 只是代表环境给予的"反馈"，可能是奖励也可能是惩罚。比如在老鼠迷宫游戏中，老鼠如果碰见了电流那么环境给予的就是惩罚。

6.1.2　深度强化学习

深度学习拥有较强的感知能力而缺少对环境的感知，而强化学习通过与环境的交互获得与环境的充分接触。二者优势互补，使得深度强化学习有着广泛的应用场景[3]。深度强化学习在很多人工智能领域取得与人类相当的水平，比如曾在世界级围棋比赛中大放异彩的 AlphaGo。

6.2 深度强化学习算法

常见的深度强化学习算法可根据处理的问题不同简要分为擅长处理离散变量问题的 Value Based 和擅长处理连续变量问题的 Policy Based，其经典算法分别为由 Q-Learning 衍生出的 DQN(Deep Q-Network)和 Policy Gradient Method。

6.2.1 Q-Learning

Q-Learning 是强化学习算法中 Value Based 的算法，其中的 Q 即为 $Q(s_t, a_t)$，就是在某一时刻的 s_t 状态下，采取动作 a_t 能够获得收益的期望。环境会根据 Agent 的动作反馈相应的回报 r_t，所以算法的主要思想就是将 State 与 Action 构建成一张 Q-table 来存储 Q 值，然后根据 Q 值来选取能够获得最大收益的动作。

因此，Q-learning 最核心的是它的 Q 表(Q-table)，如图 6-2 所示。它记录了在环境中的所有状态(s)以及每个状态可以进行的所有行为(a)的 Q 值，初值设为 0。

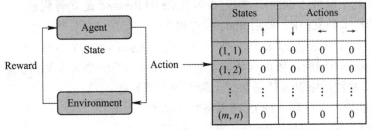

图 6-2　Q-table 示例图

图 6-3 为 Q-Learning 的算法流程。

图 6-3　Q-Learning 流程简图

更新 Q 值的公式为：

$$Q(s_t,a_t) \leftarrow Q(s_t,a_t) + \alpha\left[r_t + \gamma\max_a Q(s_{t+1},a) - Q(s_t,a_t)\right] \tag{6-1}$$

其中，α 为学习率，它定义了一个旧的 Q 值将从新的 Q 处学到的新 Q 占自身的比重。值为 0 则意味着不会学到任何东西，即旧信息是重要的，值为 1 意味着新发现的信息是唯一重要的信息。γ 为折扣因子，它定义了未来奖励的重要性，值为 0 意味着只考虑短期奖励，值为 1 意味着更重视长期奖励。

6.2.2　DQN

DQN(Deep Q-Network)是深度强化学习的经典算法之一，也是第一次将深度学习和强化学习相结合来解决问题的算法。DQN 通过将深度学习与强化学习结合起来从而实现从感知到动作的端对端学习。

当我们结合深度学习和强化学习时往往会面临以下几个问题：

(1) DL 需要大量带标签的样本进行监督学习；RL 只有 Reward 返回值，而且伴随着噪声、延迟(过了几十毫秒才返回)、稀疏(很多 State 的 Reward 是 0)等问题。

(2) DL 的样本独立；RL 前后 State 状态相关。

(3) DL 目标分布固定；RL 的分布一直变化，比如你玩一个游戏，一个关卡和下一个关卡的状态分布是不同的，所以训练好了前一个关卡，下一个关卡又要重新训练。

(4) 使用非线性网络表示值函数时出现不稳定等问题。

因此，为解决以上问题，DQN 需具备如下特点：

(1) 通过 Q-Learning 使用 Reward 来构造标签。

(2) 通过经验回放的方法来解决相关性及非静态分布问题。

(3) 将状态和动作当成神经网络的输入，然后经过神经网络分析后得到动作的 Q 值，并使用另外一个神经网络产生 Target Q 值。

而在实际操作过程中，由于在强化学习中，我们得到的观测数据是有序的，用这样的数据去更新神经网络的参数会有问题。而回忆在有监督学习中，数据之间都是独立的。因此 DQN 中使用经验回放，即用一个 Memory 来存储经历过的数据，每次更新参数的时候从 Memory 中抽取一部分的数据来用于更新，以此来打破数据间的关联。

在解决可能遇到的问题后，DQN 算法的大体流程为：

(1) 初始化神经网络 target_net 和 eval_net。其中 target_net 用于预测 q_target 值，不会及时更新参数；eval_net 用于预测 q_eval，这个神经网络拥有最新的神经网络参数。

(2) 初始化 memory。

(3) 观察状态 observation，选择合适的 observation 作为输入。

(4) 设置合适的奖励 reward。

(5) 先进行若干次游戏，将游戏数据存储到 memory 中。

(6) 从 memory 中随机选取训练数据用于批量训练。

(7) 训练 eval_net 一段时间后，将 eval_net 的参数复制给 target_net。

(8) 训练过程中产生的新的数据会替代 memory 中的旧数据。

6.2.3　Policy Gradient Method

了解了 Value Based 的代表算法后，接下来我们简单介绍 Policy Based 的经典算法即策略梯度方法 Policy Gradient Method。

相比于 DQN，或者说 Value Based 分类下通过计算每一个状态动作的价值然后选择价值最大的动作执行的算法，Policy Based 类下的算法则更加直接对策略网络 Policy Network 进行操作和更新。Policy Network 是输入为状态、输出为动作或概率的神经网络。

策略梯度方法是一种更为直接的方法，它让神经网络直接输出策略函数 $\pi(s)$，即在状态 s 下应该执行何种动作。对于非确定性策略，输出的是这种状态下执行各种动作的概率值，即如下的条件概率所谓确定性策略，是只在某种状态下要执行的动作是确定(即唯一)的，而非确定性动作在每种状态下要执行的动作是随机的，可以按照一定的概率值进行选择。

通常，策略梯度方法有以下步骤：

(1) 根据当前 Policy 参数采样得到 N 个 Trajectory，计算一次期望 Reward；

(2) 然后采用梯度上升的方法更新 Policy 参数，用更新后的 Policy 再进行下一轮采样；

(3) 如此往复直到收敛，得到期望 Reward 最大的 Policy。

值得注意的是，Policy Gradient 不通过误差反向传播，它通过观测信息选出一个行为直接进行反向传播，当然出人意料的是它并没有误差，而是利用 reward 奖励直接对选择行为的可能性进行增强和减弱，好的行为会增加下一次被选中的概率，不好的行为会减弱下次被选中的概率。

6.3　深度强化学习的应用

目前深度强化学习主要被用来处理感知-决策问题，已经成为人工智能领域的热门领域之一，强化学习在机器人、自然语言处理、智能驾驶和智能医疗等诸多领域得到了更加广泛的应用推广[4]。

6.3.1 机器人

机器人发展的趋势是人工智能化，深度学习是智能机器人的前沿技术，也是机器学习领域的新课题。深度学习技术被广泛运用于农业、工业、军事、航空等领域，与机器人的有机结合能设计出具有高工作效率、高实时性、高精确度的智能机器人。

从最初的简单工业机器人到现在的集机械、控制、计算机、传感器、人工智能等多种先进技术于一体的现代制造业重要的自动化装备，机器人技术在不断发展和完善。智能机器人是伴随着"人工智能"的提出而发展的，它的根本目的是让计算机模拟人的思维。

人工智能是智能机器人发展的必然趋势，其中深度学习在人工智能中占据了举足轻重的位置，它完全改变了传统机器人的图像和语音识别技术，更好地解决了机器人的定位与导航这个基本问题，完成了对当前工作环境地图的构建等，成为了目前最强有力的机器人视觉听觉技术。深度学习在机器人方面的应用也使得机器人的工作准确度得到了大幅度提高。图 6-4 所示即为最好的应用举例。

图 6-4 神舟十二号的国产太空机械臂

6.3.2 导航与自动驾驶

导航是深度强化学习的另一个重要应用，它的目标是使智能体找到一条从起点到目标点的最优路径，同时，在导航中还需要完成各种任务，如避障、搜集物品以及导航到多个目标等。近年来，利用深度强化学习算法已在迷宫导航、室内导航、街景导航的研究中取得了一系列的成果。

　　2015 年起，围绕着自动驾驶领域，一大批初创企业如雨后春笋般冒出，传统车企、科技企业也纷纷入局自动驾驶。如今，在感知、计算平台、算法集成、车辆控制、汽车通信以及无人驾驶、自动驾驶领域已形成一个庞大的产业链。自动驾驶用到的关键技术包括传感器、车联网、大数据、深度学习等。其中深度强化学习在自动驾驶的决策和控制中起着至关重要的作用。图 6-5 为其中一例。

图 6-5　百度与红旗联合研发的 Robotaxi 自动驾驶出租车

6.3.3　智能医疗

　　随着医疗活动的信息化和数字化诊断的发展，医疗监测指标不断增长，数据量越来越庞大，亟需强大的数据处理能力为医疗领域提供有力的支持。深度学习，作为人工智能领域炙手可热的一个分支，在语音识别和计算机视觉等方面得到飞速发展，在医疗领域的应用也越来越落地。

　　以深度学习为代表的"特征学习"，让计算机能以大数据为基础自动寻找目标的高维相关特征值，建立数据处理通道模型，实现全自动的智能处理流程，完成在指定应用场景下的目标的检测、分割、分类及预测等任务。其在医疗影像方面的应用，无需人工干预就可以通过深度学习的方法提取影像中以疾病诊疗为导向的最主要的相关特征，对医疗影像图像进行"阅片"，实现病灶的识别、定位、分类及预测等工作。

参考文献

[1]　维基百科. 强化学习[DB/OL]. [2020-12-18]. https://ws.wiki.fallingwaterdesignbuild.com/wiki/强化学习.

[2]　(俄罗斯)马克西姆·拉潘(Maxim Lapan). 深度强化学习实践[M]. 2 版. 北京：机械工业出版社，2021.

[3]　百度百科. 深度强化学习[DB/OL]. [2022-01-04]. https://baike.baidu.com/item/深度强化学习/22743894.

第二部分　实　践

第 7 章　实验环境的安装和使用

7.1　Anaconda

7.1.1　Anaconda 简介

Anaconda 中文译为"蟒蛇"，正如其名，Anaconda 是一个包含 180+的科学包及其依赖项的发行版本，这些科学包包括 Conda、Python、Jupyter 等一系列数据科学上热门的包。

为何要使用 Anaconda?

使用过 Python 的同学可能会有这样的痛苦：在 A 项目中需要使用 Python2.x，而 B 项目中要使用 Python3.x，被需要同时使用各种各样的 Python 环境而折腾得焦头烂额。使用 Anaconda 就可以很好地解决上述问题，利用 Conda 包管理器，我们可以在电脑上同时使用多个 Python 环境，Conda 可以很好地管理这些环境并且操作简单。

另外，Anaconda 还具有如下特点：开源、安装过程简单、高性能使用 Python 和 R 语言、免费的社区支持等。

7.1.2　Anaconda 的安装

Anaconda 的安装包可从其官网获得，官网链接：https://www.anaconda.com/products/individual#Downloads。

如图 7-1 所示，Anaconda 可从三个平台安装(Windows/MacOS/Linux)，选择对应版本下载即可。

需要注意的是，在安装过程中，如未选择将 Anaconda 添加到 PATH 环境变量中(见图 7-2)，则需要手动在环境变量中添加如图 7-3 所示的几项(注意：要将路径换成 Anaconda 的安装路径)。

在 win10 系统中，键入 win + r 快捷键，在输入框中键入 cmd 命令，如图 7-4 所示，在弹出终端中键入 conda-V 命令，若能成功显示 Conda 版本信息(如图 7-5 中矩形框所示内容)，则表明 Anaconda 已安装成功(如图 7-5 所示)。

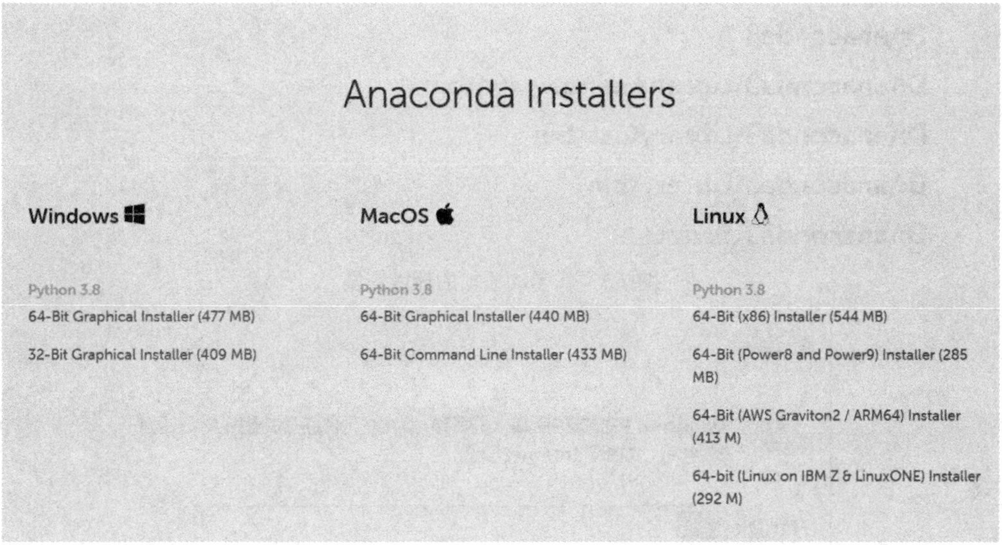

图 7-1　下载 Anaconda 安装包

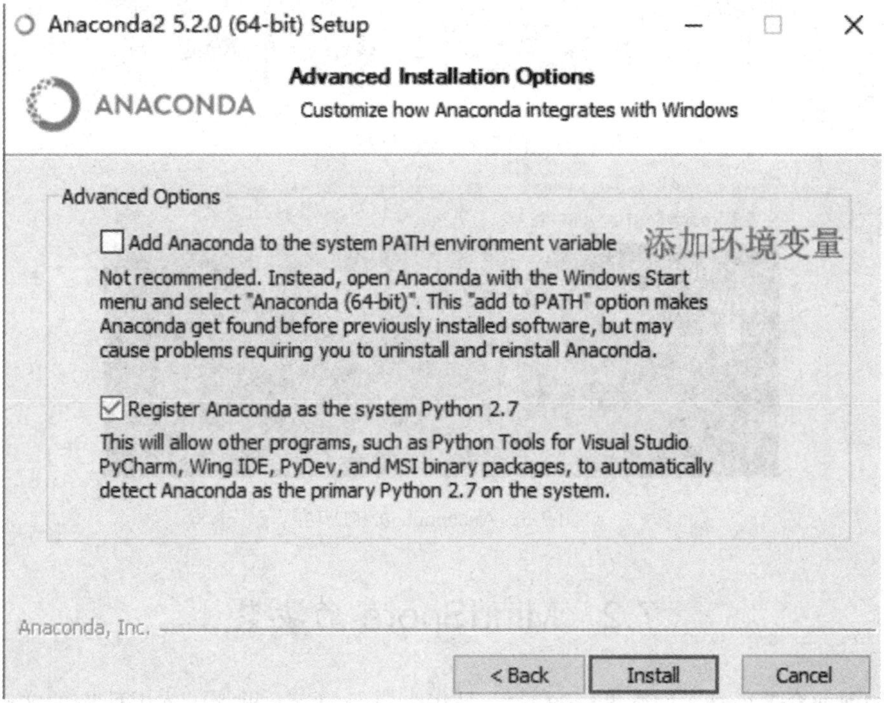

图 7-2　安装过程中应注意的环境变量

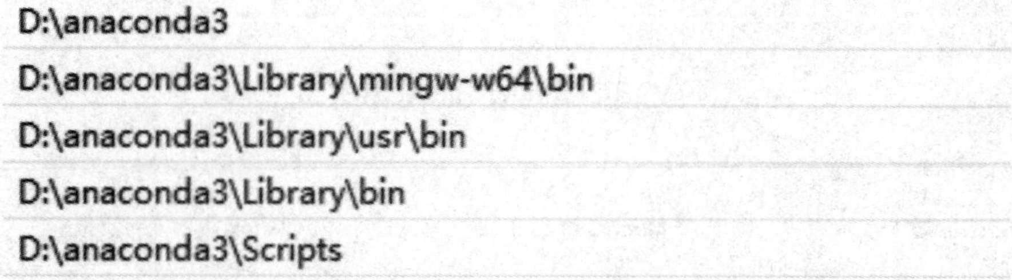

```
D:\anaconda3
D:\anaconda3\Library\mingw-w64\bin
D:\anaconda3\Library\usr\bin
D:\anaconda3\Library\bin
D:\anaconda3\Scripts
```

图 7-3　需手动添加的环境变量

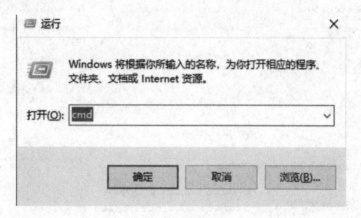

图 7-4　弹出终端

图 7-5　Anaconda 安装成功

7.2　MindSpore 的安装

正如前面章节所述，MindSpore(昇思)是华为自研的 AI 框架，本书所有的实验案例均是基于 1.5 版本 MindSpore 编写的。

7.2.1　安装对应的 Python 版本

MindSpore1.5 已经实现了对 Python3.7 及 3.9 的支持，以 Python 3.7 为例，只需要在终端中键入 conda create -n MindSpore python = 3.7 (如图 7-6)即可配置一个名为 MindSpore 的 Python3.7 虚拟环境，出现如图 7-7 所示结果时，表明环境已建立。

```
> conda create -n MindSpore python=3.7
```

图 7-6　创建 Python3.7 环境

```
#
# To activate this environment, use
#
#     $ conda activate MindSpore
#
# To deactivate an active environment, use
#
#     $ conda deactivate

>
```

图 7-7　环境安装成功

7.2.2　安装 Windows cpu 版本 MindSpore

对于 MindSpore 初学者而言，安装 MindSpore Windows cpu 版本无疑是最简单的，基于上一节配置好的 MindSpore 环境，首先在终端键入 conda activate MindSpore 命令进入 MindSpore 环境(如图 7-8，当在路径前显示环境名字时表示已经进入了该环境)，接下来键入安装命令(可进入 MindSpore 官网查看，链接：https://www.mindspore.cn/install)：

pip install https://ms-release.obs.cn-north-4.myhuaweicloud.com/1.5.0-rc1/MindSpore/cpu/x86_64/mindspore-1.5.0rc1-cp37-cp37m-win_amd64.whl --trusted-host ms-release.obs. cn-north-4. myhuaweicloud.com -i https://pypi.tuna.tsinghua.edu.cn/simple

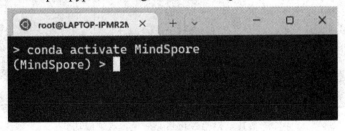

图 7-8　进入 MindSpore 环境

如图 7-9 所示，表明 MindSpore 安装完成。

图 7-9　安装 MindSpore Windows cpu 版本

为进一步验证 MindSpore 是否安装成功，键入命令：

python -c "import mindspore;mindspore.run_check()"

如若输出如下格式文本(如图 7-10)则表明安装成功：

MindSpore version: 版本号

The result of multiplication calculation is correct, MindSpore has been installed successfully!

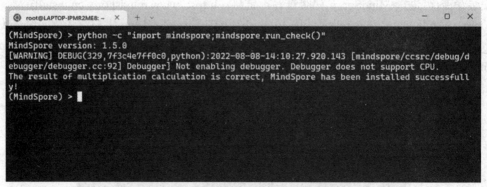

图 7-10　检验 MindSpore 是否安装成功

7.3 选择合适的IDE

一个好用的工具往往能事半功倍，用于 Python 编写的集成开发环境(IDE)包括 PyCharm、VSCode、MindStudio 和 Jupyter Notebook 等。

7.3.1 PyCharm 简介

PyCharm 是由 JetBrains 打造的一款 Python IDE，专业版的 PyCharm 包括智能代码辅助、内建开发者工具、全栈 Web 开发、科学工具、可定制和跨平台的 IDE、Python 调试器等功能。尽管开源版本的 PyCharm 缺少了一些能力，但用于 Python 代码的编辑也有极佳的体验。

PyCharm 官网地址为 https://www.jetbrains.com/pycharm/，其首页如图 7-11 所示。

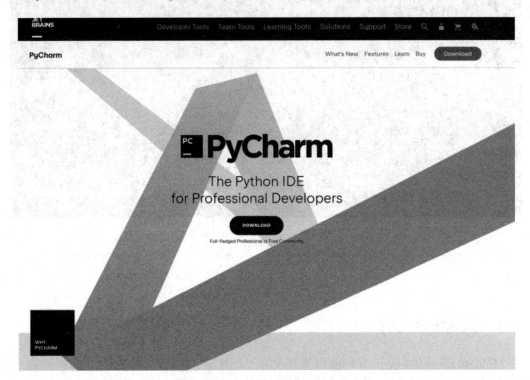

图 7-11　PyCharm 官网首页

7.3.2　VSCode 简介

Visual Studio Code 是一个轻量级但功能强大的源代码编辑器，可在您的桌面上运行，适用于 Windows、MacOS 和 Linux 操作系统。它内置了对 JavaScript、TypeScript 和 Node.js 的支持，并为其他语言(例如 C++、C#、Java、Python、PHP、Go)和运行环境(例如 .NET 和 Unity)提供了丰富的扩展生态系统。但要在 Python 编写上获得好的体验需要花费一定时间进行配置。

Visual Studio Code 官网地址为 https://code.visualstudio.com/，其首页如图 7-12 所示。

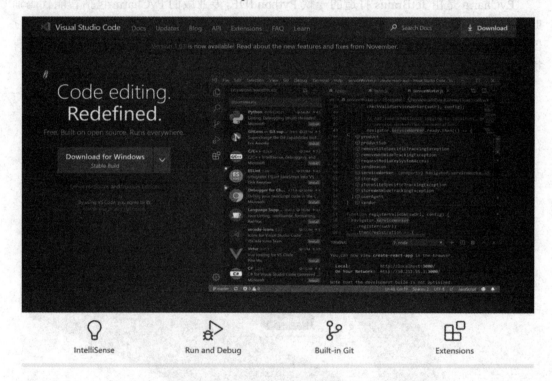

图 7-12　VSCode 官网首页

7.3.3　MindStudio 简介

MindStudio 是华为基于 Intellij 框架开发的一套开发工具链平台，提供了应用开发、调试、模型转换功能，同时还提供了网络移植、优化和分析功能。针对算子开发，Mind Studio 提供了全套的算子开发、调优能力。通过 Mind Studio 提供的工具链也可以进行第三方算子开发，降低了算子开发的门槛，并提高了算子开发及调试调优的效率，有效提升了产品竞争力。

　　针对网络模型的开发，Mind Studio 集成了离线模型转换工具、模型量化工具、模型精度比对工具、模型运行性能分析工具、日志分析工具，提升了网络模型移植、分析和优化的效率。

　　针对计算引擎开发，Mind Studio 预置了典型的分类网络、检测网络等计算引擎代码，降低了开发者的技术门槛，加快了开发者对 AI 算法引擎的编写及移植效率。

　　针对应用开发，Mind Studio 集成了各种工具，如分析器(Profiler)和编译器(Compiler)等，为开发者提供了图形化的集成开发环境，通过 Mind Studio 能够进行工程管理、编译、调试、性能分析等全流程开发，能够较大地提高开发效率。

　　需要注意的是，MindStudio 只能安装在 Ubuntu 服务器上。MindStudio 文档地址为 https://support.huaweicloud.com/usermanual-mindstudioc73/atlasmindstudio_02_0008.html。其首页如图 7-13 所示。

图 7-13　MindStudio 官方文档首页

7.3.4　Jupyter Notebook 简介

　　Jupyter Notebook 是基于网页的、用于交互计算的应用程序，对于实验性质的代码编写有非常好的体验，本书的实践代码均是使用 Jupyter Notebook 编写的。Jupyter Notebook 可被应用于全过程计算：开发、文档编写、运行代码和展示结果。重要的是，在安装完 Anaconda 之后，Jupyter Notebook 就已经被安装好了，只需要在终端中键入"jupyter notebook"命令即可进入编辑器，如图 7-14 所示。不足之处是想要在 Jupyter Notebook 中使用 Conda 环境和代码提示需要花费一些时间进行配置。

图 7-14　Jupyter Notebook 使用命令

若执行 "jupyter notebook" 命令后，浏览器未自动打开图 7-15 所示的类似界面，可手动复制图 7-14 运行命令后给出的 3 个链接中的一个到浏览器中，也能打开图 7-15 界面。

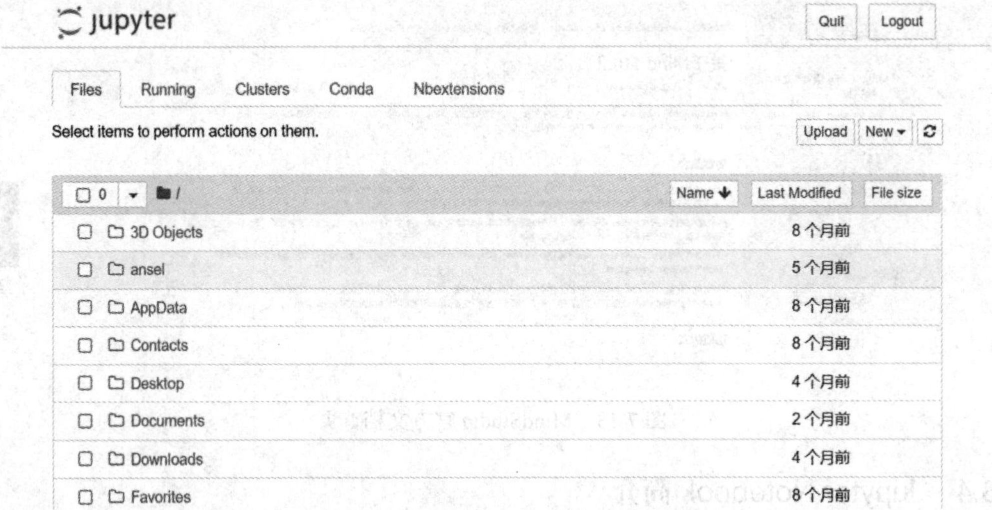

图 7-15　Jupyter Notebook 启动界面示例

Jupyter 的官网地址为 https://jupyter.org/。

7.4　总　　结

本章为接下来的实践环节准备好了必备的环境：

- Anaconda 可以很好地管理本地存在的多个 Python 环境。
- MindSpore 提供了多平台安装选项，其中 Win10 cpu 版本安装最为简单。
- 编写 Python 程序有多种 IDE 可供选择，其中 Pycharm 配置最为简单，华为 MindStudio 对其自研框架有额外支持，VSCode 和 Jupyter Notebook 经过配置之后体验良好。

第8章　MindSpore 快速入门

本章主要参考 MindSpore 官方入门教程(官方入门教程地址：https://www.mindspore.cn/tutorials/zh-CN/r1.5/index.html)对其进行扩展说明。

8.1　MindSpore 中的一些基本概念及操作

8.1.1　张量(Tensor)初始化及其属性

张量(Tensor)是 MindSpore 的基本数据类型，谈及张量可能会有些陌生，但对标量、向量和矩阵或许耳熟能详。具体的，零维张量即标量，也就是一个数字；一维张量即向量，例如[1, 2, 3]；二维张量即矩阵，如[[1, 2, 3], [1, 2, 3]]；三维张量可以用来表示彩色图像的 RGB 三通道。

构造一个张量极其简单，使用 MindSpore 中的 Tensor 类即可构建，Tensor 类说明：

Class mindspore.Tensor(input_data=None, dtype=None, shape=None, init=None)

参数列表：

• input_data：输入数据的类型可以是 Tensor、float、int、bool、tuple、list、numpy.ndarray 中的一种或组合。

• dtype：用于定义输出张量的数据类型，类型必须是在 mindspore.dtype 中定义的类型。如若为空，则输出的数据类型会根据原数据类型转换，初始值 int、float、bool、complex 分别生成数据类型为 mindspore.int32、mindspore.float64、mindspore.bool_ 、mindspore.complex128 的零维 Tensor。初始值 tuple 和 list 生成的一维 Tensor 数据类型与 tuple 和 list 里存放的数据类型相对应，如果包含多种不同类型的数据，则按照优先级 bool < int < float < complex，选择相对优先级最高类型所对应的 mindspore 数据类型。如果初始值是 Tensor，则生成的 Tensor 数据类型与其一致；如果初始值是 numpy.array，则生成的 Tensor 数据类型与之对应。

• shape：输出张量的形状，可以是一个整数列表、整数元组或单独的整数。如果传入了 input_data 参数，则此参数可以不设置。

· init：用于并行模式下的延迟初始化。通常不建议在其他情况下使用 init 接口来初始化参数。如果使用 init 接口初始化参数，则需要调用 Tensor.init_data API 将 Tensor 转换为实际数据。

Tensor 依据具体数据初始化的代码样例如下：

```
import numpy as np
from mindspore import Tensor
from mindspore import dtype as mstype


x = Tensor(np.array([[1, 2], [3, 4]]), mstype.int32)
y = Tensor(1.0, mstype.int32)
z = Tensor(2, mstype.int32)
m = Tensor(True, mstype.bool_)
n = Tensor((1, 2, 3), mstype.int16)
p = Tensor([4.0, 5.0, 6.0], mstype.float64)
q = Tensor(p, mstype.float64)


print(f"{x!r}\n{y!r}\n{z!r}\n{m!r}\n{n!r}\n{p!r}\n{q!r}")
```

初始化后得到如下数据：

```
Tensor(shape = [2, 2], dtype = Int32, value =[[1, 2], [3, 4]])
Tensor(shape = [], dtype =Int32, value = 1)
Tensor(shape = [], dtype =Int32, value = 2)
Tensor(shape = [], dtype =Bool, value = True)
Tensor(shape = [3], dtype = Int16, value = [1, 2, 3])
Tensor(shape = [3], dtype = Float64, value = [4.00000000e+000, 5.00000000e+000,
                                              6.00000000e+000])
Tensor(shape = [3], dtype = Float64, value = [4.00000000e+000, 5.00000000e+000,
                                              6.00000000e+000])
```

除直接从数据生成 Tensor 外，Tensor 和 numpy 数组有天然的联系，Tensor 和 numpy 可以很方便地互相转换。

从 numpy 数组生成张量的代码如下：

```
import numpy as np
```

```
arr = np.array([1, 0, 1, 0])
x_np = Tensor(arr)
print(repr(x_np))
```

输出如下：

```
Tensor(shape=[4], dtype=Int32, value= [1, 0, 1, 0])
```

注：在此有必要介绍一下 Python 的 str 方法和 repr 方法，str 方法是以 Unicode 形式返回方便阅读的字符串，repr 则常用于调试，repr 的打印信息更加详细，在 Python 3.6 添加的新特性插值格式字符串(即上述代码)中 f"..."，使用!r 设置打印信息为 repr 形式。

从 Tensor 转换成 numpy 也极其简单，如将上述 Tensor 转换回 numpy 类型的代码如下：

```
print(repr(x_np.asnumpy()))
```

输出如下：

```
array([1, 0, 1, 0], dtype=int32)
```

张量的属性包括形状(shape)及数据类型(dtype)。欲得到一个张量的上述属性，可使用如下代码：

```
t1 = Tensor(np.zeros([1, 2, 3]), mstype.float32)
print(f"Datatype of tensor: {t1.dtype}")
print(f"Shape of tensor: {t1.shape}")
```

得到输出如下：

```
Datatype of tensor: Float32
Shape of tensor: (1, 2, 3)
```

8.1.2　张量运算

张量运算包括算术、线性代数、矩阵处理(转置、标引、切片)、采样等。

张量的算术运算：根据数据创建的 Tensor 可以直接进行加、减、乘、除运算，代码如下：

```
t1 = Tensor((0.1, 0.2))
t2 = Tensor((0.2, 0.3))
print(repr(t1+t2))
print(repr(t1-t2))
print(repr(t1*t2))
print(repr(t1/t2))
```

输出结果为

```
Tensor(shape = [2], dtype = Float64, value = [3.00000012e-001, 5.00000000e-001])
Tensor(shape = [2], dtype = Float64, value = [-1.00000001e-001, -1.00000009e-001])
Tensor(shape = [2], dtype = Float64, value = [2.00000014e-002, 6.00000024e-002])
Tensor(shape = [2], dtype = Float64, value = [5.00000000e-001, 6.66666627e-001])
```

由于 Tensor 与 numpy 的紧密联系，Tensor 也支持与 numpy 类似的索引及切片操作，代码如下：

```
tensor = Tensor(np.array([[0, 1], [2, 3]]).astype(np.float32))
print(f"First row: {tensor[0]}")
print(f"First column: {tensor[:, 0]}")
print(f"Last column: {tensor[..., -1]}")
```

输出如下：

```
First row: [0. 1.]
First column: [0. 2.]
Last column: [1. 3.]
```

同样地，Tensor 也支持 Concat 操作，代码如下：

```
import mindspore.ops as ops


data1 = Tensor(np.array([[0, 1], [2, 3]]).astype(np.float32))
data2 = Tensor(np.array([[4, 5], [6, 7]]).astype(np.float32))
op = ops.Concat()
output = op((data1, data2))
print(repr(output))
```

结果如下：

```
Tensor(shape = [4, 2], dtype = Float32, value = [[0.00000000e+000, 1.00000000e+000],
[2.00000000e+000, 3.00000000e+000], [4.00000000e+000, 5.00000000e+000], [6.00000000e+000,
7.00000000e+000]])
```

Stack 则从另一个维度扩展张量，代码如下：

```
data1 = Tensor(np.array([[0, 1], [2, 3]]).astype(np.float32))
data2 = Tensor(np.array([[4, 5], [6, 7]]).astype(np.float32))
op = ops.Stack()
output = op([data1, data2])
```

```
print(repr(output))
```

结果如下：

```
Tensor(shape=[2,  2,  2],  dtype=Float32,  value=[[[0.00000000e+000,    1.00000000e+000],
[2.00000000e+000,    3.00000000e+000]],[[4.00000000e+000,5.00000000e+000],    [6.00000000e+000,
7.00000000e+000]]])
```

8.2　MindSpore 数据加载及处理

加载数据集及对数据进行预处理操作是深度学习训练的首要步骤。本节我们将学习 MindSpore 中的数据加载及处理方法。

8.2.1　数据加载

MindSpore 提供了部分常用数据集和标准格式数据集的加载接口，可以直接使用 mindspore.dataset 中的对应数据集加载类进行数据加载。以 cifar10 为例，其下载链接为：https:// mindspore-website.obs.cn-north-4.myhuaweicloud.com/notebook/datasets/cifar-10-binary.tar.gz。 下面示例代码通过顺序采样器获取前 5 个样本，并迭代访问数据：

```
import mindspore.dataset as ds

DATA_DIR = "./datasets/cifar-10-batches-bin"
sampler = ds.SequentialSampler(num_samples=5)
dataset = ds.Cifar10Dataset(DATA_DIR, sampler=sampler)

for data in dataset.create_dict_iterator():
print(f"Image shape: {data['image'].shape},", f"Label: {data['label']}")
```

输出如下：

```
Image shape: (32, 32, 3), Label: 6
Image shape: (32, 32, 3), Label: 9
Image shape: (32, 32, 3), Label: 9
Image shape: (32, 32, 3), Label: 4
Image shape: (32, 32, 3), Label: 1
```

更一般地，可以构造自定义数据集类，通过 GeneratorDataset 接口实现自定义方式数据加载，示例代码如下：

```python
import numpy as np

np.random.seed(58)

class DatasetGenerator:
    def __init__(self):
        """
        可以在此进行数据初始化等操作
        """
        self.data = np.random.sample((5, 2))
        self.label = np.random.sample((5, 1))

    def __getitem__(self, index):
        """
使其支持随机访问，能够根据给定的索引值 index，获取数据集中的数据并返回
        """
        return self.data[index], self.label[index]

    def __len__(self):
        """
        定义数据集类的 __len__ 函数，返回数据集的样本数量
        """
        return len(self.data)

dataset_generator = DatasetGenerator()
dataset = ds.GeneratorDataset(dataset_generator, ["data", "label"], shuffle=False)

for data in dataset.create_dict_iterator():
    print('{}'.format(data["data"]), '{}'.format(data["label"]))
```

生成的 5 个随机样本为

```
[0.36510558 0.45120592] [0.78888122]
[0.49606035 0.07562207] [0.38068183]
```

```
[0.57176158 0.28963401] [0.16271622]
[0.30880446 0.37487617] [0.54738768]
[0.81585667 0.96883469] [0.77994068]
```

GeneratorDataset 详细说明：

class mindspore.dataset.GeneratorDataset(source, column_names=None, column_types=None, schema=None, num_samples=None, num_parallel_workers=1, shuffle= None, sampler=None, num_shards=None, shard_id=None, python_multiprocessing= True, max_rowsize=6)

参数列表：

• source：参数类型是生成器可调用对象、可迭代 Python 对象或可随机访问的 Python 对象，可以是重写_getitem_、_iter_、_next_方法类实例，如上示例。

• column_names：数据集中每列的名字，默认是空，column_names 和 schema 两个参数必须指定一个。

• column_types：指定数据集每列类型，类型为 mindspore.dtype 组成的列表。

• Schema：Json 架构文件或架构对象路径，与 column_names 必须指定其一，若均指定则使用 Schema。

• num_samples：数据集中包含的样本数量，默认为 None，即全部样本。

• num_parallel_workers：指定并行获取数据的子进程数量。

• shuffle：是否混淆数据。

• sampler：采样器。

• num_shards：数据集划分片数，默认为 None。

• shard_id：num_shards 中的分片 ID，仅当指定 num_shards 时必须指定。

• python_multiprocessing：是否使用多进程。

• max_rowsize：当 python_multiprocessing 为 True 时有效，指定内存中在进程之间复制数据的最大行大小(单位为 MB)，默认 6 为 MB。

8.2.2　数据处理及增强

1. 数据混洗及分批

将数据集随机打乱顺序，然后两两组成一个批次，示例代码如下：

```
dataset = dataset.shuffle(buffer_size = 10)
dataset = dataset.batch(batch_size = 2)
```

```
for data in dataset.create_dict_iterator():
    print(repr(data))
```

输出如下：

```
{'data': Tensor(shape = [2, 2],
        dtype = Float64,
        value = [[3.65105583e-001, 4.51205916e-001], [5.71761582e-001, 2.89634006e-001]]),
            'label': Tensor(shape = [2, 1],
                    dtype = Float64,
                    value = [[7.88881219e-001], [1.62716216e-001]])
}
{'data': Tensor(shape = [2, 2],
        dtype = Float64,
        value = [[8.15856674e-001, 9.68834694e-001], [4.96060349e-001, 7.56220666e-002]]),
            'label': Tensor(shape = [2, 1],
                    dtype=Float64,
                    value = [[7.79940679e-001], [3.80681827e-001]])
}
{'data': Tensor(shape = [1, 2],
        dtype = Float64,
        value = [[3.08804459e-001, 3.74876167e-001]]),
            'label': Tensor(shape = [1, 1],
                    dtype = Float64,
                    value = [[5.47387677e-001]])
}
```

注：由于 create_dict_iterator() 以生成器方式返回数据，故当数据迭代一遍后再次迭代会抛出异常。

2. 数据增强

数据量过滤或样本场景单一等问题会影响模型的训练效果，用户可以通过数据增强操作扩充样本多样性，从而提升模型鲁棒性。

mindspore.dataset.vision.c_transforms 模块中提供了一些基于 C++ Opencv 的高性能图像增强算法，另一个模块 py_transforms 提供的算法则是基于 Python PIL 实现的。

以下将使用 c_transforms 对本章中已获取的 cifar 10 数据进行数据增强操作：

```
import mindspore.dataset as ds
from mindspore.dataset.vision import Inter
import mindspore.dataset.vision.c_transforms as c_vision
import matplotlib.pyplot as plt


def data_augmentation(dataset: ds):
    # 进行数据增强操作
    #定义了 Resize 和 RandomCrop 两个算子，原始数据集通过 map 方法进行数据增强操作
    resize_op = c_vision.Resize(size = (200, 200), interpolation = Inter.LINEAR)
    crop_op = c_vision.RandomCrop(150)
    transforms_list = [resize_op, crop_op]
    new_dataset = dataset.map(operations = transforms_list, input_columns = ["image"])
    return new_dataset


DATA_DIR = "./datasets/cifar-10-batches-bin"
# 取出 cifar10 中的 6 个样本，不混洗数据
dataset = ds.Cifar10Dataset(DATA_DIR, num_samples=3, shuffle=False)
new_dataset = data_augmentation(dataset)
# 创建迭代器
cifar_iter = dataset.create_dict_iterator(output_numpy=True)
new_iter = new_dataset.create_dict_iterator(output_numpy = True)
plt.subplots(constrained_layout = True)
for index, (data, new_data) in enumerate(zip(cifar_iter, new_iter)):
    plt.subplot(231 + index)
    plt.title("old")
    plt.imshow(data["image"])

    plt.subplot(234 + index)
    plt.title("new")
    plt.imshow(new_data["image"])
```

　　当需要同时对多个迭代器进行遍历时，可以使用 zip()方法，若在迭代时需要索引，可以使用 enumerate()方法，两个方法都是 Python 的内置方法，enumerate 的返回值是一个迭代器。

　　结果如图 8-1 所示。

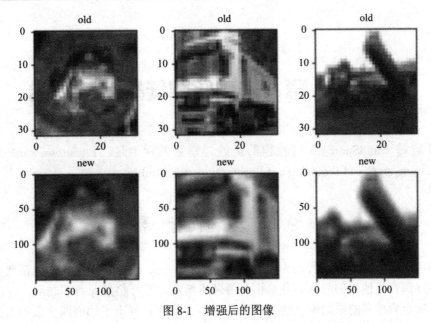

图 8-1 增强后的图像

观察结果,可见经过增强的图像变大了,并且经过了一个裁剪操作。

8.3 总 结

本章我们学习了 MindSpore 的基本数据类型 Tensor 及其基本操作,也学习了数据的载入与处理方法。总结如下:

- Tensor 是 MindSpore 的基本数据类型,可以很好地和 numpy 进行转换。
- MindSpore 数据加载提供了部分常用数据集和标准格式数据集的加载接口,自定义数据加载可以通过 GeneratorDataset 接口实现。
- MindSpore 提供了基于 C++ Opencv 和基于 Python PIL 的两套数据增强算法,分别是 mindspore.dataset.vision.c_transforms 和 mindspore.dataset.vision.py_transforms。

学习数据载入及处理之后,我们将在一系列实践中学习模型的构建、训练及推理。

第 9 章　实现简单线性函数拟合

本章是对 MindSpore 入门教程的扩展，官方教程地址：https://www.mindspore.cn/tutorial/training/zh-CN/r1.0/quick_start/linear_regression.html。

9.1　实例背景

在讲解线性回归之前，我们先引入一个实例：小张、小李、小王、小赵都要贷款了，贷款时银行调查了他们的月薪和住房面积等基本情况。银行将按照月薪越高，住房面积越大，可贷款金额越多的原则审批他们的贷款请求。表 9-1 列出了他们四个人的工资、住房面积和银行提供的可贷款金额。

表 9-1　四人的基本情况和可贷款金额

姓　　名	工资/元	房屋面积/m²	可贷款金额/元
小张	6000	58	30 000
小李	9000	77	55 010
小王	11 000	89	73 542
小赵	15 000	54	63 201

看到了这样的数据，他们的朋友小刘，工资是 12 000 元，房屋面积是 60m²，那么他大约能贷款多少呢？

9.2　解决方案设计

面对这个问题，我们应该怎么考虑呢？在这个例子中可以看出贷款金额会随着工资和房屋面积二者呈现线性变化。此时将工资定义为 x_1，房屋面积定义为 x_2，可贷款金额定义为 y，那么三者之间的关系就可以表示为

$$y = w_1 x_1 + w_2 x_2 + b$$

在机器学习和深度学习算法中，经常将上面的公式表示为

$$y = \theta_0 + \theta_1 x_1 + \theta_2 x_2$$

这个问题怎么解？我们只需要求得一组近似的 θ 参数使得函数可以拟合已有的数据，那么整个函数表达式就表示出来了，然后再将小刘的工资和房屋面积代入进去，就可以求出他的贷款金额了。

这就是一个简单的二元线性回归问题。

9.3 方案实现

接下来将介绍如何用 MindSpore 实现一个更加简单的一元线性回归问题。

9.3.1 生成数据集

编写函数，随机生成一组数据，用于训练和测试。

1. 定义生成数据集函数

定义 creat_data 函数，用于生成训练数据集和测试数据集。假设需要拟合的目标函数为

$$y = 5x + 3$$

那么生成的训练数据集应该随机分布于函数的周边，这里采用了以下方法生成：

$$y = 5x + 3 + \text{noice}$$

其中，noice 为函数的干扰数值，它是一个服从标准正态分布的随机数。生成数据集方法的代码如下：

```
import numpy as np

def create_data(num, w=5.0, b=3.0):
    for _ in range(num):
        # 从区间[-10.0,10.0]上随机产生一个数
        x = np.random.uniform(-10.0, 10.0)

        # 产生服从标准正态分布的随机数
        noise = np.random.normal(0, 1)

        y = x * w + b + noise
        yield np.array([x]).astype(np.float32), np.array([y]).astype(np.float32)
```

使用 create_data 函数生成 50 组测试数据，并可视化展示，代码如下：

```
import matplotlib.pyplot as plt

#使用 create_data 函数生成 50 组测试数据
eval_data = list(create_data(50))

#生成目标函数 y=5x+3 上的点，用于画出目标函数
x_target_label = np.array([-10, 10, 0.1])
y_target_label = x_target_label * 5 + 3

#将测试数据的元素打包成一个元组
x_eval_label,y_eval_label = zip(*eval_data)

#画出目标函数和测试数据，测试数据用红色，目标函数用绿色
plt.scatter(x_eval_label, y_eval_label, color="red", s=5, label="data")
plt.plot(x_target_label, y_target_label, color="green", label="objective function")
plt.legend()
plt.title("Eval data")
plt.show()
```

得到的测试数据和目标函数如图 9-1 所示，点为测试数据，线条为目标函数。

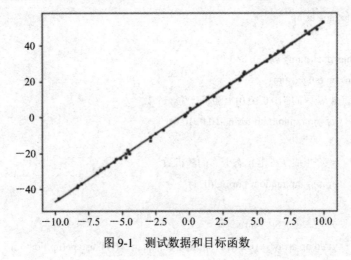

图 9-1　测试数据和目标函数

2. 定义数据增强函数

先使用 MindSpore 的数据转换函数 GeneratorDataset 转换成适应 MindSpore 训练的数据类型，然后再使用 batch、repeat 对数据进行增强操作，代码如下：

```
from mindspore import dataset as ds

def create_dataset(num_data, batch_size=16, repeat_size=1):
    #使用 MindSpore 的数据转换函数 GeneratorDataset 转换成适应 MindSpore 训练的数据类型
    input_data = ds.GeneratorDataset(eval_data, column_names=['data','label'])
    #将 batch_size 个数据组合成一个 batch
    input_data = input_data.batch(batch_size)
    #将数据集数量倍增
    input_data = input_data.repeat(repeat_size)
    return input_data
```

通过定义的 create_dataset 将生成的 1600 个数据增强为 100 组 shape 为 16×1 的数据集。

9.3.2 定义训练网络

在 MindSpore 中使用 nn.Dense 生成单个数据输入，单个数据输出的线性函数模型为

$$y = wx + b$$

使用 Normal 算子随机初始化权重 w 和 b。定义训练网络代码如下：

```
import mindspore.nn as nn
from mindspore.common.initializer import Normal

class LinearNet(nn.Cell):
    def __init__(self):
        super(LinearNet, self).__init__()
        #生成单个数据输入、单个数据输出的线性函数模型
        #使用 Normal 算子随机初始化权重 w 和 b
        self.fc = nn.Dense(1, 1, Normal(0.02), Normal(0.02))

    def construct(self, x):
        x = self.fc(x)
        return x
```

　　由上述代码可见，自定义网络结构需要继承 nn.Cell 类，并在_init_方法中定义算子；在 construct 方法中，将各算子按网络结构组合起来。

　　初始化网络模型后，接下来将初始化的网络函数和训练数据集进行可视化，了解拟合前的模型函数情况，见图 9-2。初始化的网络函数和数据集可视化代码如下：

```python
from mindspore import Tensor

#获取模型初始化参数
net = LinearNet()
model_params = net.trainable_params()
#查询初始化的 w 和 b 的值，并生成 y=wx+b 函数
x_model_label = np.array([-10, 10, 0.1])
y_model_label = (x_model_label * Tensor(model_params[0]).asnumpy()[0][0] +
        Tensor(model_params[1]).asnumpy()[0])

#画出初始化的拟合函数(蓝色线条)、测试数据(红色点)和目标函数(绿色线条)
plt.scatter(x_eval_label, y_eval_label, color="red", s=5, label="data")
plt.plot(x_model_label, y_model_label, color="blue", label="fit function", linestyle="--")
plt.plot(x_target_label, y_target_label, color="green", label="target function")
plt.legend()
plt.show()
```

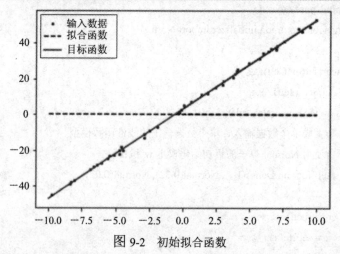

图 9-2　初始拟合函数

注：图中虚线为模型初始化所拟合的函数，实线条为经过训练之后的目标函数，点为

输入数据散步。

从结果图 9-2 中可以看出，虚线条的初始化模型函数与实线条的目标函数还是有较大的差别的。

1. 定义前向传播网络

前向传播网络包含两个部分，其中：

(1) 将参数带入到模型网络中得出预测值。

(2) 使用预测值和训练数据计算出 loss 值。

在 MindSpore 中使用如下代码实现前项传播网络损失函数的定义：

```
net = LinearNet()
#定义损失函数，损失函数在 nn.lose 包中
net_loss = nn.loss.MSELoss()
```

2. 定义反向传播网络

定义反向传播网络优化器的代码如下：

```
#定义优化器，优化器在 nn 包中
# lr 为学习率，momentum 为动量
opt = nn.Momentum(net.trainable_params(), lr, momentum)
```

9.3.3 拟合过程可视化准备

1. 定义绘图函数

为了使得整个训练过程更容易理解，需要将训练过程的测试数据、目标函数和模型网络进行可视化。这里定义了可视化函数，将在每个 step 训练结束后调用，展示模型网络的拟合过程。

定义绘图函数的代码如下：

```
def plot_model_and_datasets(net, eval_data):

    #获取当前状态下的 w 值和 b 值
    weight = net.trainable_params()[0]
    bias = net.trainable_params()[1]

    x = np.arange(-10, 10, 0.1)
    y = x * Tensor(weight).asnumpy()[0][0] + Tensor(bias).asnumpy()[0]
```

```
        x1, y1 = zip(*eval_data)
x_target = x
y_target = x_target * 5 + 3


#画出测试数据、当前拟合函数和目标拟合函数
plt.axis([-11, 11, -20, 25])
plt.scatter(x1, y1, color="red", s=5, label="data")
plt.plot(x, y, color="blue", label="fit function")
plt.plot(x_target, y_target, color="green", linestyle='--', label="target function")
plt.legend()
    plt.show()
    time.sleep(0.02)
```

2. 定义回调函数

为了清晰地看到整个的线性拟合过程,定义了回调函数将整个过程的数据进行可视化。

MindSpore 提供的工具,可对模型训练过程进行自定义控制,这里在 step_end 中调用。定义回调函数代码示例如下:

```
from mindspore.train.callback import Callback
from IPython import display


# 自定义回调函数
class ImageShowCallback(Callback):
    def __init__(self, net, eval_data):
        self.net = net
        self.eval_data = eval_data


    #定义 epoch_end 函数,在每一个 epoch 迭代完成时调用此函数
    def step_end(self, run_context):
        #调用 plot_mode_and_dataset 函数
        #将当前状态的拟合函数、测试数据集、目标函数可视化
        plot_model_and_datasets(self.net, self.eval_data)
        # 清除上一张图片,实现动态效果
        display.clear_output(wait=True)
```

9.3.4 执行训练

1. 环境准备

设置 MindSpore 运行配置的代码如下：

```
from mindspore import context

context.set_context(mode=context.GRAPH_MODE, device_target="CPU")
```

其中：

- GRAPH_MODE：图模式。
- device_target：设置 MindSpore 的训练硬件为 CPU。

2. 执行训练

完成以上过程后，可以使用训练数据 ds_train 对模型训练，这里调用 model.train 进行，其中参数解释如下：

- epoch：训练迭代的整个数据集的次数。
- ds_train：训练数据集。
- callbacks：训练过程中需要调用的回调函数。
- dataset_sink_mode：数据集下沉模式，支持 Ascend、GPU 计算平台，本例为 CPU 计算平台，设置为 False。

模型训练代码如下：

```
from mindspore import context
from mindspore import Model

context.set_context(mode=context.GRAPH_MODE, device_target="CPU")

#设置超参数
#数据集大小为 1600
num_data = 1600
#批大小
batch_size = 16
repeat_size = 1
#学习率
lr = 0.005
```

```
#动量
momentum = 0.9
#数据集迭代次数
epoch = 1

#调用 create_data 函数生成数据集
eval_data = list(create_data(num_data))
#对数据集进行增强操作
ds_train = create_dataset(num_data, batch_size=batch_size, repeat_size=repeat_size)
#回调函数实例化
imageshow_cb = ImageShowCallback(net, eval_data)
model = Model(net, loss_fn=net_loss, optimizer=opt)
#对模型进行训练
model.train(epoch, ds_train, callbacks=[imageshow_cb], dataset_sink_mode=False)
plot_model_and_datasets(net, eval_data)
```

输出结果见图 9-3。

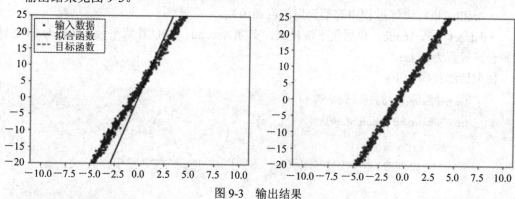

图 9-3　输出结果

注：图中实线为拟合函数，虚线为目标函数，点为输入数据散步，左图为运行过程，右图为运行结果。

从实验结果图 9-3 中可以看出，拟合函数(实线条)和目标函数(虚线条)已经没有明显的差距。

另外，可以输出最终训练得出的权重 w 和 b，代码如下：

```
print(f"w:{net.trainable_params()[0].asnumpy()[0][0]},
      b:{net.trainable_params()[1].asnumpy()[0]}")
```

输出结果如下:

w:4.878354072570801, b:2.99918794631958

9.4 总 结

本章介绍了线性拟合的算法原理，并在 MindSpore 框架下实现了相应的算法定义，介绍了线性拟合这类的线性回归模型在 MindSpore 中的训练过程，并最终拟合出了一条接近目标函数的模型函数。具体总结如下:

· 自定义网络模型构建需要继承 nn.Cell 类，并在_init_方法中定义算子，在 construct 方法中，将各算子按网络结构组合起来。

· 损失函数定义在 nn.loss 模块中，优化器定义在 nn 模块中。

· 可通过继承 Callback 类自定义回调函数，可实现 step_end 方法定义训练每一步的回调函数，或 epoch_end 方法定义训练每一轮的回调函数。

另外，有兴趣的读者可以将数据集的生成区间从(-10,10)扩展到(-100,100)，看看权重值是否更接近目标函数；调整学习率大小，看看拟合的效率是否有变化。当然也可以探索如何使用 MindSpore 拟合:

$$f(x) = ax^2 + bx + c$$

这类的二次函数或者更高次的函数。

第 10 章　使用 LeNet-5 网络实现手写数字识别

本章是对 MindSpore 入门教程的扩展，官方教程地址：https://www.mindspore.cn/tutorial/zh-CN/r0.5/quick_start/quick_start.html。

10.1　LeNet-5 网络

10.1.1　LeNet-5 网络概述

LeNet-5 出自论文 Gradient-Based Learning Applied to Document Recognition，是一种用于手写体字符识别的非常高效的卷积神经网络，并已在美国的银行中投入使用。LeNet 的实现确立了卷积神经网络(CNN)的结构，现在神经网络中的许多内容在 LeNet 的网络结构中都能看到，例如卷积层、池化(Pooling)层和 ReLU 层。虽然 LeNet-5 早在 20 世纪 90 年代就已经提出，但由于当时缺乏大规模的训练数据，计算机硬件的性能也比较低，LeNet 神经网络在处理复杂问题时效果并不理想。LeNet-5 网络结构比较简单，刚好适合神经网络的入门学习。

10.1.2　各层参数详解

LeNet-5 是早期卷积神经网络中最有代表性的实验系统之一，它共有 7 层(不包含输入层)，每层都包含可训练参数和多个特征图(Feature Map)，每个特征图通过一种卷积滤波器提取输入的一种特性，每个特征图有多个神经元。其结构如图 10-1 所示。

1. 输入层

首先是数据输入层，输入图像的尺寸统一归一化为 32×32。

需要注意的是，本层不算 LeNet-5 的网络结构，传统上不将输入层视为网络层次结构之一。

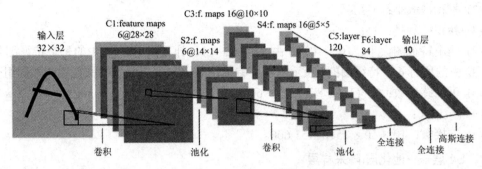

图 10-1 LeNet 结构

2. C1 层——卷积层

C1 层详细信息如下：

(1) 输入图片：32 × 32；

(2) 卷积核大小：5 × 5；

(3) 卷积核种类：6；

(4) 输出特征图大小：28 × 28(28 由"32 − 5 + 1"计算得出)；

(5) 神经元数量：28 × 28 × 6；

(6) 可训练参数：(5 × 5+1) × 6(每个滤波器 5 × 5 = 25 个 unit 参数和一个 bias 参数，一共 6 个滤波器)；

(7) 连接数：(5 × 5 + 1) × 6 × 28 × 28 = 122 304。

3. S2 层——池化层(降采样层)

S2 层详细信息如下：

(1) 输入大小：28 × 28；

(2) 采样区域：2 × 2；

(3) 采样方式：4 个输入相加，乘以一个可训练参数，再加上一个可训练偏置；

(4) 采样种类：6；

(5) 输出特征图大小：14 × 14(14 由 28/2 计算得出)；

(6) 神经元数量：14 × 14 × 6；

(7) 连接数：(2 × 2 + 1) × 6 × 14 × 14；

S2 中每个特征图的大小是 C1 中特征图大小的 1/4。

4. C3 层——卷积层

C3 层详细信息如下：

(1) 输入大小：S2 中所有 6 个或者几个特征图组合；

(2) 卷积核大小：5×5；

(3) 卷积核种类：16；

(4) 输出特征图大小：10×10 (10 由 "$14 - 5 + 1$" 计算得出，C3 中的每个特征图是连接到 S2 中的所有 6 个特征图的，表示本层的特征图是上一层提取到的特征图的不同组合)；

(5) 可训练参数：$6 \times (3 \times 5 \times 5 + 1) + 6 \times (4 \times 5 \times 5 + 1) + 3 \times (4 \times 5 \times 5 + 1) + 1 \times (6 \times 5 \times 5 + 1) = 1516$；

(6) 连接数：$10 \times 10 \times 1516 = 151\,600$。

5. S4 层——池化层(降采样层)

S4 层详细信息如下：

(1) 输入大小：10×10；

(2) 采样区域：2×2；

(3) 采样方式：4 个输入相加，乘以一个可训练参数，再加上一个可训练偏置；

(4) 采样种类：16；

(5) 输出特征图大小：5×5(5 由 10/2 计算得出)；

(6) 神经元数量：$5 \times 5 \times 16 = 400$；

(7) 连接数：$16 \times (2 \times 2 + 1) \times 5 \times 5 = 2000$；

(8) S4 中每个特征图的大小是 C3 中特征图大小的 1/4。

6. C5 层——卷积层

C5 层详细信息如下：

(1) 输入：S4 层的全部 16 个单元特征图(与 S4 全相连)；

(2) 卷积核大小：5×5；

(3) 卷积核种类：120；

(4) 输出特征图大小：1×1(1 由 "$5 - 5 + 1$" 计算得出)；

(5) 可训练参数/连接：$120 \times (16 \times 5 \times 5 + 1) = 48\,120$。

7. F6 层——全连接层

F6 层详细信息如下：

(1) 输入大小：C5 的 120 维向量；

(2) 计算方式：计算输入向量和权重向量之间的点积，再加上一个偏置；

(3) 可训练参数：$84 \times (120 + 1) = 10\,164$。

8. 输出层——全连接层

Output 层也是全连接层，共有 10 个节点，分别代表数字 0～9。需要注意的是，F6 层与 Output 层的连接方式是高斯连接(Gaussian connections)，这种连接方式是在 LeNet-5 中出现的一种特殊的连接方式，与普通全连接的主要区别是用高斯连接进行串联的输出层内没有激活函数，含有高斯连接的 LeNet-5 神经网络需要使用基于高斯连接的特殊损失函数。

10.2 Mnist 数 据 集

10.2.1 Mnist 数据集简介

Mnist 是一个手写体数字的图片数据集，该数据集由美国国家标准与技术研究所 (National Institute of Standards and Technology，NIST)发起整理，一共统计了来自 250 个不同的人手写数字图片，其中 50%是高中生，50%来自人口普查局的工作人员。该数据集的收集目的是希望通过算法，实现对手写数字的识别。

1998 年，Yan LeCun 等人发表了论文 "Gradient-Based Learning Applied to Document Recognition"，首次提出了 LeNet-5 网络，利用上述数据集实现了手写字体的识别。

10.2.2 数据集下载

Mnist 数据集官网：http://yann.lecun.com/exdb/mnist/。

官网提供了数据集的下载，主要包括 4 个文件，如表 10-1 所示。

表 10-1 Mnist 数据集官网提供的 4 个文件

文 件	用 途
train-images-idx3-ubyte.gz	训练集图像
train-labels-idx1-ubyte.gz	训练集标签
t10k-images-idx3-ubyte.gz	测试集图像
t10k-labels-idx1-ubyte.gz	测试集标签

在上述文件中，训练集一共包含了 60 000 张图像和标签，而测试集一共包含了 10 000 张图像和标签。测试集中前 5000 个来自最初 NIST 项目的训练集，后 5000 个来自最初 NIST 项目的测试集。前 5000 个比后 5000 个要规整，这是因为前 5000 个数据来自美国人口普查局的员工，而后 5000 个来自大学生。

该数据集自 1998 年起，被广泛地应用于机器学习和深度学习领域，用来测试算法的效果，例如线性分类器(Linear Classifiers)、K-近邻算法(K-Nearest Neighbors)、支持向量机(SVM)、神经网络(Neural Net)、卷积神经网络(Convolutional net)等等。

10.2.3　数据读取

下载上述 4 个文件后，将其解压会发现，得到的并不是一系列图片，而是.idx1-ubyte 和.idx3-ubyte 格式的文件。这是一种 IDX 数据格式，一个特殊的二进制文件。要读取数据，则需要按照文件数据结构进行解读，使用到了 struct，并且涉及 Endian 数据结构知识。这里我们尝试从训练集中读取并展示一组数据，首先将文件解压，将 train-labels.idx1-ubyte 和 train-images.idx3-ubyte 文件放置同一路径下，目录结构如图 10-2 所示。

```
└─MNIST_Data
  ├─test
  │        t10k-images.idx3-ubyte
  │        t10k-labels.idx1-ubyte
  │
  └─train
           train-images.idx3-ubyte
           train-labels.idx1-ubyte
```

图 10-2　Mnist 存储目录结构

首先，可通过 python struct 模块读取下载的标签和图片数据集，在 MindSpore 中，提供了更加便捷的 Mnist 数据读取方法，代码如下：

```python
import os
import struct
import numpy as np

# 读取标签数据集
with open('./MNIST_Data/train/train-labels.idx1-ubyte', 'rb') as lbpath:
    labels_magic, labels_num = struct.unpack('>II', lbpath.read(8))
    labels = np.fromfile(lbpath, dtype=np.uint8)

# 读取图片数据集
with open('./MNIST_Data/train/train-images.idx3-ubyte', 'rb') as imgpath:
    images_magic, images_num, rows, cols = struct.unpack('>IIII', imgpath.read(16))
    images = np.fromfile(imgpath, dtype=np.uint8).reshape(images_num, rows * cols)
```

利用 matplotlib 库打印出其中的一张图片和对应的标签代码如下：

```python
import matplotlib.pyplot as plt
```

```
choose_num = 1 # 指定一个图片编号
label = labels[choose_num]
image = images[choose_num].reshape(28,28)

plt.imshow(image)
```

输出结果见图 10-3 所示的打印图片示例。

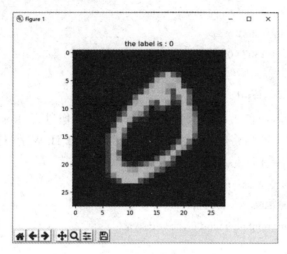

图 10-3 打印图片示例

10.2.4 数据处理

数据集对于训练非常重要，好的数据集可以有效提高训练精度和效率，在加载数据集前，通常会对数据集进行一些处理。

由于后面会采用 LeNet 这样的卷积神经网络对数据集进行训练，而采用在训练数据时，对数据格式是有所要求的，所以接下来需要先查看数据集内的数据是什么样的，这样才能构造一个针对性的数据转换函数，将数据集数据转换成符合训练要求的数据形式。

读取数据集代码如下：

```
import mindspore.dataset as ds

data_path = "./MNIST_Data/train/"
mnist_ds = ds.MnistDataset(data_path)
```

datasets.MnistDataset：MindSpore 提供的 Mnist 数据加载方法。

定义进行数据增强和处理所需要的一些参数，代码如下：

```
#图像目标大小
resize_height, resize_width = 32, 32
#归一化因子
rescale = 1.0 / 255.0
shift = 0.0
#标准化因子
rescale_nml = 1 / 0.3081
shift_nml = -1 * 0.1307 / 0.3081
#并行 workers 数量
num_parallel_workers=1
```

根据参数，生成对应的数据增强操作。对输入的图像进行 Resize(重新调整大小)、Rescale(缩放)、HWC2CHW(将形状(H, W, C)转换到形状(C, H, W))等操作，代码如下：

```
import mindspore.dataset.vision.c_transforms as CV
import mindspore.dataset.transforms.c_transforms as C
from mindspore.dataset.vision import Inter
from mindspore.common import dtype as mstype


# 调整图像大小
resize_op = CV.Resize((resize_height, resize_width), interpolation=Inter.LINEAR)
# 归一化/标准化算子
rescale_nml_op = CV.Rescale(rescale_nml, shift_nml)
rescale_op = CV.Rescale(rescale, shift)
# 图像通道转换
hwc2chw_op = CV.HWC2CHW()
# 数据类型转换
type_cast_op = C.TypeCast(mstype.int32)
```

其中：

• CV.Resize：对图像数据像素进行缩放，适应 LeNet 网络对数据的尺寸要求。

• CV.Rescale：对图像数据进行标准化、归一化操作，使得每个像素的数值大小在(0,1)范围中，可以提升训练效率。

• CV.HWC2CHW：对图像数据张量进行变换，张量形式由高 × 宽 × 通道(HWC)变为通道 × 高 × 宽(CHW)，方便进行数据训练。

使用 map 映射函数，将数据操作应用到数据集，代码如下：

```
mnist_ds=mnist_ds.map(operations=type_cast_op,input_columns="label",
                      num_parallel_ workers=num_parallel_workers)
mnist_ds=mnist_ds.map(operations=resize_op,input_columns="image",
                      num_parallel_ workers=num_parallel_workers)
mnist_ds=mnist_ds.map(operations=rescale_op,input_columns="image",
                      num_parallel_ workers=num_parallel_workers)
mnist_ds=mnist_ds.map(operations=rescale_nml_op,input_columns="image",
                      num_ parallel_workers=num_parallel_workers)
mnist_ds=mnist_ds.map(operations=hwc2chw_op,input_columns="image",
                      num_parallel_ workers=num_parallel_workers)
```

对生成的数据集进行处理，代码如下：

```
buffer_size = 10000
batch_size = 32
repeat_size = 1
# 数据混洗
mnist_ds = mnist_ds.shuffle(buffer_size=buffer_size)
# 分批
mnist_ds = mnist_ds.batch(batch_size, drop_remainder=True)
# 数据复制
mnist_ds = mnist_ds.repeat(repeat_size)
```

10.2.5　定义训练网络

我们选择相对简单的 LeNet 网络。LeNet 网络不包括输入层的情况下，共有 7 层：2 个卷积层、2 个下采样层(池化层)、3 个全连接层。每层都包含不同数量的训练参数，如图 10-1 所示。

在构建 LeNet 前，我们对全连接层以及卷积层采用 Normal 进行参数初始化。

MindSpore 支持 TruncatedNormal、Normal、Uniform 等多种参数初始化方法，具体可以参考 MindSpore API 的 mindspore.common.initializer 模块说明。

使用 MindSpore 定义神经网络需要继承 mindspore.nn.Cell，Cell 是所有神经网络(Conv2d 等)的基类。

神经网络的各层需要预先在_init_方法中定义，然后通过定义 construct 方法来完成神经网络的前向构造，按照 LeNet 的网络结构，定义网络各层如下：

init()函数完成了卷积层和全连接层的初始化操作。初始化参数包括输入个数、输出个数、卷积层的参数以及卷积核的大小、激活函数。网络模型中的算子定义代码如下：

```python
import mindspore.nn as nn
class LeNet5(nn.Cell):
    def __init__(self, num_class=10, num_channel=1):
        super(LeNet5, self).__init__()
        self.conv1 = nn.Conv2d(num_channel, 6, 5, pad_mode='valid')
        self.conv2 = nn.Conv2d(6, 16, 5, pad_mode='valid')
        self.fc1 = nn.Dense(16 * 5 * 5, 120, weight_init=Normal(0.02))
        self.fc2 = nn.Dense(120, 84, weight_init=Normal(0.02))
        self.fc3 = nn.Dense(84, num_class, weight_init=Normal(0.02))
        self.relu = nn.ReLU()
        self.max_pool2d = nn.MaxPool2d(kernel_size=2, stride=2)
        self.flatten = nn.Flatten()
```

1. 实现前向传播

construct()函数实现了前向传播。根据定义对输入依次进行卷积、激活、池化等操作，最后返回计算结果。在全连接层之前，先对数据进行展开操作，使用 flatten()函数实现，这个函数可以在保留第 0 轴的情况下，对输入的张量进行扁平化(Flatten)处理，代码如下：

```python
def construct(self, x):
    x = self.max_pool2d(self.relu(self.conv1(x)))
    x = self.max_pool2d(self.relu(self.conv2(x)))
    x = self.flatten(x)
    x = self.relu(self.fc1(x))
    x = self.relu(self.fc2(x))
    x = self.fc3(x)
    return x
```

2. 定义损失函数及优化器

在进行定义之前，先简单介绍损失函数及优化器的概念。

损失函数：又叫目标函数，用于衡量预测值与实际值差异的程度。深度学习通过不停地迭代来缩小损失函数的值。定义一个好的损失函数，可以有效提高模型的性能。

优化器：用于最小化损失函数，从而在训练过程中改进模型。定义了损失函数后，可以得到损失函数关于权重的梯度。梯度用于指示优化器优化权重的方向，以提高模型性能。

　　MindSpore 支持的损失函数有 SoftmaxCrossEntropyWithLogits、L1Loss、MSELoss 等。这里使用 SoftmaxCrossEntropyWithLogits 损失函数。MindSpore 支持的优化器有 Adam、AdamWeightDecay、Momentum 等。这里使用流行的 Momentum 优化器，代码如下：

```
import mindspore.nn as nn
from mindspore.nn import SoftmaxCrossEntropyWithLogits


lr = 0.01
momentum = 0.9


#创建网络
network = LeNet5()


# 定义优化器
net_opt = nn.Momentum(network.trainable_params(), lr, momentum)


# 定义损失函数
net_loss = SoftmaxCrossEntropyWithLogits(sparse=True, reduction='mean')
```

10.2.6　训练网络

　　完成神经网络的构建后，就可以着手进行网络训练了，通过 MindSpore 提供的 Model.train 接口可以方便地进行网络的训练，参数主要包含：

　　(1) 每个 epoch 需要遍历完成图片的 batch 数 epoch_size。

　　(2) 训练数据集 ds_train。

　　(3) MindSpore 提供了 Callback 机制，回调函数 callbacks，包含 ModelCheckpoint、LossMonitor 和 Callback 模型检测参数。其中，ModelCheckpoint 可以保存网络模型和参数，以便进行后续的 fine-tuning(微调)操作。

　　训练代码如下：

```
from mindspore import context
from mindspore import Model
from mindspore.nn.metrics import Accuracy
from mindspore.common import dtype as mstype
```

```
from mindspore.nn.loss import SoftmaxCrossEntropyWithLogits
from mindspore.train.callback import ModelCheckpoint, CheckpointConfig, LossMonitor

context.set_context(mode=context.GRAPH_MODE, device_target="CPU")
dataset_sink_mode = False

epoch_size = 1

config_ck = CheckpointConfig(save_checkpoint_steps=1875, keep_checkpoint_max=10)
# save the network model and parameters for subsequence fine-tuning
ckpoint_cb = ModelCheckpoint(prefix="checkpoint_lenet", config=config_ck)
# group layers into an object with training and evaluation features
model = Model(network, net_loss, net_opt, metrics={"Accuracy": Accuracy()})
print("=============== Starting Training ===============")
model.train(epoch_size, mnist_ds, callbacks=[ckpoint_cb, LossMonitor()],
            dataset_sink_mode=dataset_sink_mode)
```

训练完成后，会在设置的模型保存路径上生成模型文件，文件目录结构如下：

```
./lenet_ckpt/
├──── checkpoint_lenet-1_1875.ckpt
└────checkpoint_lenet-graph.meta
```

10.2.7　推理预测

我们使用生成的模型应用到分类预测单个或者单组图片数据上，具体步骤如下：

(1) 将要测试的数据转换成适应 LeNet 的数据类型。

(2) 提取出 image 的数据。

(3) 使用函数 model.predict 预测 image 对应的数字。需要说明的是 predict 返回的是 image 对应 0～9 的概率值。

(4) 调用 plot_pie 将预测出的各数字的概率显示出来。负概率的数字会被去掉。

(5) 载入要预测的数据集，并调用 create_dataset 转换成符合格式要求的数据集，并选取其中一组 32 张图片进行推理预测。

推理预测代码如下：

```
import matplotlib.pyplot as plt
```

```
from mindspore import Tensor

test_data_path = "./MNIST_Data/test"

#载入数据集
ds_test = ds.MnistDataset(test_data_path)
#和训练数据集做同样的处理
ds_test = ds_test.map(operations=type_cast_op,input_columns="label", num_parallel_
            workers=num_parallel_workers)
ds_test = ds_test.map(operations=resize_op,input_columns="image", num_parallel_
            workers=num_parallel_workers)
ds_test = ds_test.map(operations=rescale_op,input_columns="image", num_parallel_
            workers=num_parallel_workers)
ds_test = ds_test.map(operations=rescale_nml_op,input_columns="image", num_parallel_
            workers=num_parallel_workers)
ds_test = ds_test.map(operations=hwc2chw_op,input_columns="image", num_parallel_
            workers=num_parallel_workers)
ds_test = ds_test.batch(batch_size, drop_remainder=True)


#生成迭代器
ds_test = ds_test.create_dict_iterator()

data = next(ds_test)

images = data["image"].asnumpy()

labels = data["label"].asnumpy()
#对图像进行预测
output = model.predict(Tensor(data['image']))

pred = np.argmax(output.asnumpy(), axis=1)
#结果显示
for i in range(len(labels)):
    plt.subplot(4, 8, i + 1)
    color = 'blue' if pred[i] == labels[i] else 'red'
    plt.title("pre:{}".format(pred[i]), color=color)
    plt.imshow(np.squeeze(images[i]))
```

plt.axis("off")

推理预测的结果如图 10-4 所示。

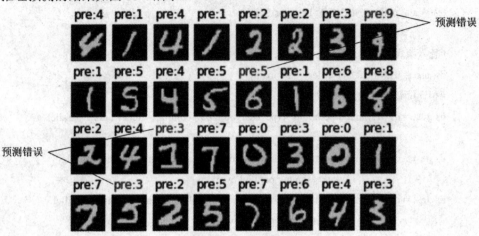

图 10-4　预测结果

　　从预测的结果中我们可以看出，出现了预测错误，可通过增加 epoch 的方式提高预测结果的准确度。

10.3　总　　结

　　在本章，我们实现了深度学习入门算法 LeNet，训练出可识别手写数字的模型。通过本章的学习，应掌握以下技巧：

- 使用 MnistDataset 方法加载 Mnist 数据集。
- 使用多种图像处理算子处理数据集，通过 map 方法对数据集操作。
- 使用 ModelCheckpoint 保存模型及其参数。
- 使用 Model 类创建模型实例，并使用 model.train 方法进行模型训练。
- 使用 model.predict 用来推理。

第 11 章 使用 AlexNet 网络实现图像分类

本章是对官方实现 AlexNet 代码扩展说明，官方代码的分解地址：https://gitee.com/mindspore/mindspore/tree/r0.5/model_zoo/alexnet/src。

11.1 AlexNet 网 络

11.1.1 AlexNet 网络概述

由于受到计算机性能的影响，虽然 LeNet 在图像分类中取得了较好的成绩，但是并没有引起很多的关注。直到 2012 年，Alex 等人提出的 AlexNet 网络在 ImageNet 大赛上以远超第二名的成绩夺冠，卷积神经网络乃至深度学习重新引起了广泛的关注。

AlexNet 将 LeNet 的思想发扬光大，把 CNN 的基本原理应用到了很深很宽的网络中。AlexNet 主要使用到的新技术点如下：

(1) 成功使用 ReLU 作为 CNN 的激活函数，并验证其效果在较深的网络超过了 sigmoid，成功解决了 sigmoid 在网络较深时的梯度弥散问题。

(2) 训练时使用 Dropout 随机忽略一部分神经元，以避免模型过拟合。

(3) 在 CNN 中使用重叠的最大池化。此前 CNN 中普遍使用平均池化，AlexNet 全部使用最大池化，避免平均池化的模糊化效果。

(4) 提出了 LRN 层，对局部神经元的活动创建竞争机制，使得其中响应比较大的值变得相对更大，并抑制其他反馈较小的神经元，增强了模型的泛化能力。

(5) 使用 CUDA 加速深度卷积网络的训练，利用 GPU 强大的并行计算能力，处理神经网络训练时大量的矩阵运算。

(6) 数据增强，随机地从 256×256 的原始图像中截取 224×224 大小的区域(以及水平翻转的镜像)，相当于增加了 $2 \times (256 - 224)^2 = 2048$ 倍的数据量。

11.1.2 各层参数详解

AlexNet 网络包括 8 层(不包括输入层)；前 5 层是卷积层，后 3 层是全连接层，最终产生一个覆盖 1000 类标签的分布。其网络结构参见图 11-1 所示。

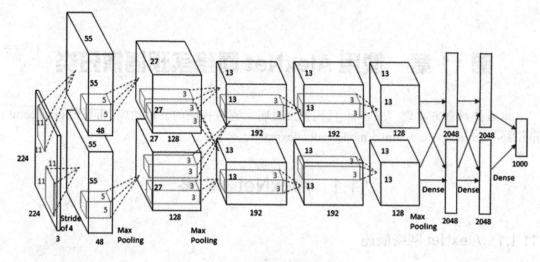

图 11-1　AlexNet 网络结构

1. 输入层

首先是数据输入层，输入层大小为 $227 \times 227 \times 3$。

2. C1 层——卷积层

该层的处理流程是：卷积→ReLU→池化→归一化。

(1) 卷积：输入：227×227，使用 96 个 $11 \times 11 \times 3$ 的卷积核，得到的特征图为 $55 \times 55 \times 96$。

(2) ReLU：将卷积层输出的特征图输入到 ReLU 函数中。

(3) 池化：使用 3×3 步长为 2 的池化单元(重叠池化，步长小于池化单元的宽度)，输出为 $27 \times 27 \times 96(27$ 由 "$(55-3)/2 + 1$" 得出)。

(4) 归一化：进行局部归一化，输出的仍然为 $27 \times 27 \times 96$，输出分为两组，每组的大小为 $27 \times 27 \times 48$。

3. C2 层——卷积层

该层的处理流程是：卷积→ReLU→池化→归一化。

(1) 卷积：输入是两组 $27 \times 27 \times 48$，每组 128 个大小为 $5 \times 5 \times 48$ 的卷积核，并作了边缘填充 padding = 2，卷积的步长为 1。则输出的特征图为两组，每组的大小为 $27 \times 27 \times 128$ (27 由$(27 + 2 \times 2 - 5)/1 + 1 = 27$ 得出)。

(2) ReLU：将卷积层输出的特征图输入到 ReLU 函数中。

(3) 池化：池化运算的尺寸为 3 × 3，步长为 2，池化后图像的大小 13 × 13 × 256(13 由 "(27 − 3)/2 + 1 = 13" 计算得出)。

(4) 归一化：进行局部归一化，输出的仍然为 27 × 27 × 96，输出分为两组，每组的大小为 27 × 27 × 48。

4. C3 层——卷积层

该层的处理流程是：卷积→ReLU。

(1) 卷积：输入是 13 × 13 × 256，使用 2 组共 384 个大小为 3 × 3 × 256 的卷积核，做了边缘填充 padding = 1，卷积的步长为 1，则输出的特征图为 13 × 13 × 384。

(2) ReLU：将卷积层输出的特征图输入到 ReLU 函数中。

5. C4 层——卷积层

该层的处理流程是：卷积→ReLU，该层和 C3 层类似。

(1) 卷积：输入是 13 × 13 × 384，分为两组，每组为 13 × 13 × 192。使用 2 组，每组 192 个大小为 3 × 3 × 192 的卷积核，做了边缘填充 padding = 1，卷积的步长为 1。则输出的特征图为 13 × 13 × 384，分为两组，每组为 13 × 13 × 192。

(2) ReLU：将卷积层输出的特征图输入到 ReLU 函数中。

6. C5 层——卷积层

该层处理流程为：卷积→ReLU→池化。

(1) 卷积：输入为 13 × 13 × 384，分为两组，每组为 13 × 13 × 192。使用 2 组，每组为 128 个大小为 3 × 3 × 192 的卷积核，做了边缘填充 padding = 1，卷积的步长为 1。则输出的特征图为 13 × 13 × 256。

(2) ReLU：将卷积层输出的特征图 Feature Map 输入到 ReLU 函数中。

(3) 池化：池化运算的尺寸为 3 × 3，步长为 2，池化后图像的大小为 6 × 6 × 256(6 由 "(13 − 3)/2 + 1 = 6" 计算得出)。

7. F1 层——全连接层

该层的流程为：(卷积)全连接→ReLU→Dropout。

(1) 全连接：输入为 6 × 6 × 256，该层有 4096 个卷积核，每个卷积核的大小为 6 × 6 × 256。由于卷积核的尺寸刚好与待处理特征图(输入)的尺寸相同，即卷积核中的每个系数只与特征图(输入)尺寸的一个像素值相乘，一一对应，因此，该层被称为全连接层。由于卷积核与特征图的尺寸相同，卷积运算后只有一个值，因此，卷积后的像素层尺寸为 4096 × 1 × 1，即有 4096 个神经元。

(2) ReLU：这 4096 个运算结果通过 ReLU 激活函数生成 4096 个值。

(3) Dropout：抑制过拟合，随机地断开某些神经元的连接或者是不激活某些神经元。

8. F2 层——全连接层

该层的流程为：全连接→ReLU→Dropout。

(1) 全连接：输入为 4096 个向量。

(2) ReLU：这 4096 个运算结果通过 ReLU 激活函数生成 4096 个值。

(3) Dropout：抑制过拟合。

9. 输出层

F2 层输出的 4096 个数据与输出层的 1000 个神经元进行全连接，经过训练后输出 1000 个 float 型的值，这就是预测结果。

11.2　CIFAR-10 数据集

11.2.1　CIFAR-10 数据集简介

CIFAR-10 是由 CIFAR(Candian Institute For Advanced Research)收集整理的一个用于识别普适物体的小型数据集。一共包含 10 个类别的 RGB 彩色图片：飞机(airplane)、汽车(automobile)、鸟类(bird)、猫(cat)、鹿(deer)、狗(dog)、蛙类(frog)、马(horse)、船(ship)和卡车(truck)。CIFAR-10 的图片样例如图 11-2 所示。

图 11-2　CIFAR-10 图片样例

数据集分为 5 个训练批次和 1 个测试批次，每个批次有 10 000 个图像。测试批次来自每个类别的恰好 1000 个随机选择的图像。训练批次以随机顺序包含剩余图像，但由于一些训练批次可能包含来自一个类别的图像比另一个的更多，因此总体来说，5 个训练集之和包含来自每个类的正好 5000 张图像。

这 10 类都是彼此独立的，不会出现重叠，即这是多分类多标签问题。

CIFAR-10 与 Mnist 数据集对比，具有以下不同点：

(1) CIFAR-10 是 3 通道的彩色 RGB 图像，而 Mnist 是灰度图像。

(2) CIFAR-10 的图片尺寸为 32 × 32，而 Mnist 的图片尺寸为 28 × 28，比 Mnist 稍大。

(3) 相比于手写字符，CIFAR-10 含有的是现实世界中真实的物体，不仅噪声很大，而且物体的比例、特征都不尽相同，这为识别带来很大困难。直接的线性模型如 Softmax 在 CIFAR-10 上表现得很差。

11.2.2　数据集下载

CIFAR-10 数据集的官方下载地址：http://www.cs.toronto.edu/~kriz/cifar.html。共有三个版本，Python、Matlab 和适合 C 语言的版本，在第 8 章中(8.2.1)，我们使用 MindSpore 提供的 CIFAR-10 下载地址：https://mindspore-website.obs.cn-north-4. myhuaweicloud. com/notebook/datasets/cifar-10-binary.tar.gz 已经获得了该数据集，建议使用该数据集。

数据集包括表 11-1 所示的 8 个文件。

表 11-1　CIFAR-10 数据集文件列表

文 件 名	用 途
data_batch_1	CIFAR-10 的 5 个训练集，每个训练集用二进制格式存储了 10 000 张 32 × 32 的 RGB 图像和对应的标签
data_batch_2	
data_batch_3	
data_batch_4	
data_batch_5	
test_batch	存储 10 000 张用于测试的图像和对应的标签
batches.meta	存储每个类别对应的英文名称
readme.html	数据集介绍文件

11.2.3　数据读取

若下载得到的数据集文件是 Python 版二进制文件，不能直接读取。可以使用官方提供的"unpickle()"函数来加载此类文件，函数返回一个字典(dictionary)，返回的一个字典包含以下元素：

- Data：一个 10 000 × 3072 的 numpy 数组，数据类型为 uint8。数组的每一行存储了一个 32 × 32 的彩色图片(RGB)。
- Label：范围为 0~9 的 10 000 个数字的列表。索引 i 处的数字表示数组数据中第 i 个图像的标签。

加载 CIFAR-10 数据集的 unpickle()函数代码如下：

```python
import pickle

def unpickle(file):
    import pickle
    with open(file, 'rb') as fo:
        dict = pickle.load(fo, encoding='bytes')
    return dict
```

加载数据集代码：

```python
#加载训练集，CIFAR_DIR 为数据集存放的路径
with open(CIFAR_DIR , 'rb') as f:
    data = pickle.load(f, encoding='bytes')
```

使用 pyplot 库打印 CIFAR-10 数据集图片的代码如下：

```python
import numpy as np
import matplotlib.pyplot as plt

#挑选 10 张图片打印输出
for index in range(1,10):
    image_arr = data[b'data'][index]

    # 将一维向量改变形状得到这样一个元组:(高,宽,通道数)
    image_arr = image_arr.reshape((3, 32, 32))
```

```
image_arr = image_arr.transpose((1, 2, 0))

#输出图片
plt.imshow(image_arr)
plt.show()
```

得到的部分图片如图 11-3 所示。

图 11-3　CIFAR-10 图片样例

建议读者使用 MindSpore 提供的二进制版本数据集，MindSpore 中提供了 CIFAR10Dataset 可方便地读取该数据集。

11.3　使用 AlexNet 网络实现图像分类

11.3.1　使用 Cifar10Dataset 加载并处理输入图像

在第 8 章中，我们已经使用过 CIFAR10Dataset 方法对 CIFAR-10 进行过数据读取和处理练习，本节将对第 8 章相关内容进行回顾。

首先我们在项目路径下新建 datasets 路径，将 CIFAR-10 数据集放入其中，其目录结构如下：

```
./datasets/
├── cifar-10-batches-bin
    ├── batches.meta.txt
    ├── data_batch_1.bin
    ├── data_batch_2.bin
    ├── data_batch_3.bin
    ├── data_batch_4.bin
    ├── data_batch_5.bin
    ├── readme.html
    └── test_batch.bin
```

1. 获取训练数据集

由于 MindSpore 提供了读取 CIFAR-10 数据集的接口，所以读取该数据集的代码较为简单，代码如下：

```
import mindspore.dataset as ds
import matplotlib.pyplot as plt

data_path = "./datasets/cifar-10-batches-bin/"
cifar_data = ds.Cifar10Dataset(data_path, shuffle=False)
# 将训练集和测试集按 0.8:0.2 分割
train_data, test_data = cifar_data.split([0.8, 0.2])
```

对数据集进行处理与增强操作，代码如下：

```
import mindspore.dataset.transforms.c_transforms as C
import mindspore.dataset.vision.c_transforms as CV
from mindspore.common import dtype as mstype

# 处理数据
def deal_dataset(cifar_ds, mode: str):
    # 归一化因子
    rescale = 1.0 / 255.0
    shift = 0.0
    batch_size = 32
    repeat_size = 1

    # 大小调整算子
    resize_op = CV.Resize((227, 227))
    rescale_op = CV.Rescale(rescale, shift)
    # 针对 cifar 数据集的标准化，传入数值是由数据集的样本分布决定的，(0.4914, 0.4822,
    0.4465)对应三个通道的平均值，(0.2023, 0.1994, 0.2010)对应三个通道的标准差
    normalize_op = CV.Normalize((0.4914, 0.4822, 0.4465), (0.2023, 0.1994, 0.2010))
    if mode == "train":
        # 随机裁减，[32, 32]是输出的大小，[4, 4, 4, 4]对应(left, top, right, bottom)四个方向上的填充
```

```
        random_crop_op = CV.RandomCrop([32, 32], [4, 4, 4, 4])
        # 随机水平翻转算子
        random_horizontal_op = CV.RandomHorizontalFlip()
    # 图像通道转换算子
    channel_swap_op = CV.HWC2CHW()
    # 将数据类型转换为 int32 类型
    typecast_op = C.TypeCast(mstype.int32)
    cifar_ds = cifar_ds.map(operations=typecast_op, input_columns="label")
    if mode == "train":
        cifar_ds = cifar_ds.map(operations=random_crop_op, input_columns="image")
        cifar_ds = cifar_ds.map(operations=random_horizontal_op, input_columns="image")
        cifar_ds = cifar_ds.map(operations=resize_op, input_columns="image")
        cifar_ds = cifar_ds.map(operations=rescale_op, input_columns="image")
        cifar_ds = cifar_ds.map(operations=normalize_op, input_columns="image")
        cifar_ds = cifar_ds.map(operations=channel_swap_op, input_columns="image")


        #数据混淆，buffer_size 指定缓冲区大小，越大混淆越彻底
        cifar_ds = cifar_ds.shuffle(buffer_size=1000)
        cifar_ds = cifar_ds.batch(batch_size, drop_remainder=True)
        cifar_ds = cifar_ds.repeat(repeat_size)
        return cifar_ds
```

数据处理的一般步骤：定义算子，通过 map 方法对数据集中样本进行处理。

2. 用自定义方式获取测试数据集

若不使用 CIFAR10Dataset 读取数据，亦可使用 struct 模块读取。二进制版本的 CIFAR-10 数据集规则如下：

```
        <1 x label><3072 x pixel>
        ...
        <1 x label><3072 x pixel>
```

即文件中每一行包括 3073 个字节数据，第一个字节为 label，后 3072 个数据表示图像数据，第 1024 个字节表示一个通道，每 32 字节表示一个通道的一行数据。依此可通过 struct 模块解析 test_batch.bin 文件，其余数据文件大同小异，代码如下：

```
import numpy as np

import struct

import numpy as np

import matplotlib.pyplot as plt

import os


def getTestDataSet():

    with open("./datasets/cifar-10-batches-bin/test_batch.bin", 'rb') as f:

        while f:

            # 每 3073 个字节表示一个图像数据及其标签

            temp = f.read(3073)

            if temp == b'':

                break

            label, *data = struct.unpack(3073 * "c", temp)

            label = ord(label)

            data = np.array(list(map(lambda x: ord(x), data)))

            data = data.reshape((3, 32, 32)).transpose(1, 2, 0).astype(np.uint8)

            # 用生成器返回数据，节省内存空间

            yield data, np.array(label)


#用 GeneratorDataset 方法读取自定义数据

test_ds = ds.GeneratorDataset(getTestDataSet, column_names=["image", "label"])
```

提示：ord 方法是 Python 内置方法，返回字符对应 ASCII 码数值。

11.3.2　构建网络模型

基于本章 AlexNet 模型介绍，继承 nn.Cell 类实现 AlexNet 模型，其代码如下：

```
import mindspore.nn as nn

from mindspore.common.initializer import TruncatedNormal


# 定义卷积层

def conv(in_channels, out_channels, kernel_size, stride=1, padding=0, pad_mode="valid"):

    weight = weight_variable()
```

```
            return nn.Conv2d(in_channels, out_channels,
                        kernel_size=kernel_size, stride=stride, padding=padding,
                        weight_init=weight, has_bias=False, pad_mode=pad_mode)


    # 带初始化的全连接层
    def fc_with_initialize(input_channels, out_channels):
        weight = weight_variable()
        bias = weight_variable()
        return nn.Dense(input_channels, out_channels, weight, bias)


    # 定义网络权系数初始化方法
    def weight_variable():
        # 采用截尾高斯分布初始化
        return TruncatedNormal(0.02)    # 0.02


    class AlexNet(nn.Cell):
        """
    AlexNet
        """
    def __init__(self, num_classes=10):
        super(AlexNet, self).__init__()
        self.batch_size = 32
        self.conv1 = conv(3, 96, 11, stride=4)
        self.conv2 = conv(96, 256, 5, pad_mode="same")
        self.conv3 = conv(256, 384, 3, pad_mode="same")
        self.conv4 = conv(384, 384, 3, pad_mode="same")
        self.conv5 = conv(384, 256, 3, pad_mode="same")
        self.relu = nn.ReLU()
        self.max_pool2d = nn.MaxPool2d(kernel_size=3, stride=2)
        self.flatten = nn.Flatten()
        self.fc1 = fc_with_initialize(6*6*256, 4096)
        self.fc2 = fc_with_initialize(4096, 4096)
```

```
        self.fc3 = fc_with_initialize(4096, num_classes)

    def construct(self, x):
        x = self.conv1(x)
        x = self.relu(x)
        x = self.max_pool2d(x)
        x = self.conv2(x)
        x = self.relu(x)
        x = self.max_pool2d(x)
        x = self.conv3(x)
        x = self.relu(x)
        x = self.conv4(x)
        x = self.relu(x)
        x = self.conv5(x)
        x = self.relu(x)
        x = self.max_pool2d(x)
        x = self.flatten(x)
        x = self.fc1(x)
        x = self.relu(x)
        x = self.fc2(x)
        x = self.relu(x)
        x = self.fc3(x)
        return x
```

提示：截尾高斯分布(截尾正态分布)即在限制正态分布的 x 值大于 0。

11.3.3　训练网络

设置配置参数，代码如下：

```
from mindspore import context
import numpy as np
import mindspore.nn as nn


#使用 CPU 训练
```

```
context.set_context(mode=context.GRAPH_MODE, device_target="CPU")
#使用 CPU 时数据不下沉
dataset_sink_mode = False
# 只训练一轮
epoch = 1
```

设置损失函数及优化器代码如下：

```
network = AlexNet()
# 设置损失函数
loss = nn.SoftmaxCrossEntropyWithLogits(sparse=True, reduction="mean")


#使用动态学习率有利于模型跨过局部最优解
def get_lr(current_step, lr_max, total_epochs, steps_per_epoch):
    """
    设置动态学习率

    Args:
        current_step(int): 当前步数
        lr_max(float): 最大学习率
        total_epochs(int): 训练轮数
        steps_per_epoch(int): 每轮步数

    Returns:
        np.array, 各阶段学习率列表
    """
    lr_each_step = []
    total_steps = steps_per_epoch * total_epochs
    decay_epoch_index = [0.8 * total_steps]
    # 前 80%步使用最大学习率，后 20%步使用 0.1 * lr_max
    for i in range(total_steps):
        if i<decay_epoch_index[0]:
            lr = lr_max
            else:
                lr = lr_max * 0.1
```

```
        lr_each_step.append(lr)
    lr_each_step = np.array(lr_each_step).astype(np.float32)
    learning_rate = lr_each_step[current_step]


    return learning_rate


lr = Tensor(get_lr(0, 0.002, epoch, int(60000 * 0.8 // 32)))
# 设置优化器
opt = nn.Momentum(network.trainable_params(), lr, 0.9)
```

载入训练数据集训练，代码如下：

```
from mindspore.train import Model
from mindspore.nn.metrics import Accuracy
from mindspore.train.callback import ModelCheckpoint, CheckpointConfig, LossMonitor


train_data = deal_dataset(train_data, mode="train")
# 使用准确率指标评估模型
model = Model(network, loss, opt, metrics={"Accuracy": Accuracy()})
# ckpt 配置
config_ck = CheckpointConfig(save_checkpoint_steps=int(60000 * 0.8 // 32),
keep_checkpoint_max=10)
ckpoint_cb = ModelCheckpoint(prefix="checkpoint_alexnet",  directory="alexnet_ckpt",
    config=config_ck)
model.train(epoch, train_data, callbacks=[ckpoint_cb, LossMonitor()],dataset_sink_mode=
    dataset_sink_mode)
```

训练过程代码如下：

```
epoch: 1 step: 1, loss is 2.325268
epoch: 1 step: 2, loss is 2.3265328
epoch: 1 step: 3, loss is 2.332038
epoch: 1 step: 4, loss is 2.3030477
…
epoch: 1 step: 1497, loss is 1.1363087
epoch: 1 step: 1498, loss is 1.1616076
```

```
epoch: 1 step: 1499, loss is 1.3704083
epoch: 1 step: 1500, loss is 1.0168555
```

由训练结果看，模型损失从 2.32 降至了 1.01，这并不理想，可增加训练轮次(epoch)，将损失降至更低，但受 CPU 性能影响，建议使用华为官方提供的 ModelArts 训练平台或 GPU 训练。

11.3.4 验证模型

训练完毕后，模型保存在当前路径下的 alexnet_ckpt 中，接下来载入保存模型进行验证，代码如下：

```
from mindspore.train.serialization import load_checkpoint, load_param_into_net


# 载入训练参数
param_dict = load_checkpoint("./alexnet_ckpt/checkpoint_alexnet-1_1500.ckpt")
# 将参数导入当前模型
load_param_into_net(network, param_dict)
ds_eval = deal_dataset(test_data, mode="test")
#进行评估
acc = model.eval(ds_eval, dataset_sink_mode=dataset_sink_mode)
print(f"acc:{acc}")
```

评估结果如下：

```
acc:{'Accuracy': 0.5780833333333333}
```

由评估结果可见，模型训练确实不尽如人意，在测试数据集上，仅获得 57.8%的准确率，将训练轮次提高后，模型的准确率将有质的提升，读者可自行尝试，在此仅提供 epoch 为 5 时，使用最佳保存参数评估结果供参考：

```
acc:{'Accuracy': 0.86875}
```

11.4 总 结

本章学习了一个经典模型——AlexNet，该模型大大推动了卷积神经网络的发展，另外我们使用 MindSpore 对该模型进行了复现，并学习到一些技巧：

· 使用 CIFAR10Dataset 读取 CIFAR-10 数据集。

- 可用 split 方法将数据集按比例分为训练集和测试集。
- 通过自定义生成器的方式载入数据。
- 如何设置动态学习率。
- 使用 load_checkpoint 载入已训练参数。
- 使用 load_param_into_net 方法将已训练参数导入网络。
- 使用 eval 方法对模型进行评估。

第 12 章 ResNet 网络的实现

本章是对官方实现 ResNet 代码的分解说明，官方代码地址：https://gitee.com/ mindspore/mindspore/tree/r0.5/model_zoo/resnet。

12.1 ResNet 网络

12.1.1 ResNet 网络概述

ResNet 网络来源于 2015 年业内知名学者何恺明的论文 "Deep Residual Learning for Image Recognition"。ResNet 的网络层次已达 152 层，并且提出了残差学习来解决深层次网络的网络退化问题。

12.1.2 ResNet 网络结构

ResNet 网络参考了 VGG19，在其基础上进行修改。图 12-1 所示为 VGG 结构与 ResNet 结构对比，图 12-2 所示为 ResNet 网络模型详解。

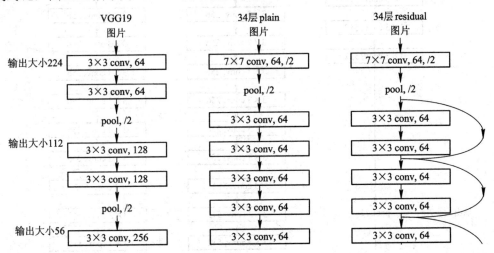

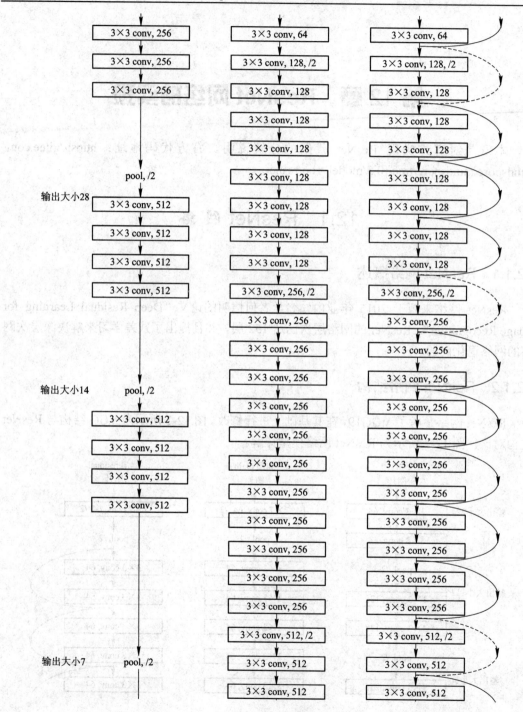

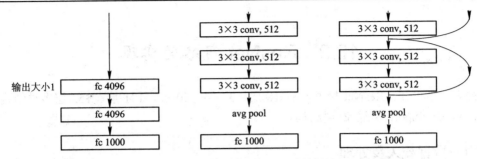

图 12-1　VGG 结构与 ResNet 结构对比

层名称	输出大小	18层	34层	50层	101层	152层
conv1	112×112	7×7, 64, stride 2				
		3×3 max pool, stride 2				
conv2_x	56×56	$\begin{bmatrix} 3{\times}3, 64 \\ 3{\times}3, 64 \end{bmatrix}{\times}2$	$\begin{bmatrix} 3{\times}3, 64 \\ 3{\times}3, 64 \end{bmatrix}{\times}3$	$\begin{bmatrix} 1{\times}1, 64 \\ 3{\times}3, 64 \\ 1{\times}1, 256 \end{bmatrix}{\times}3$	$\begin{bmatrix} 1{\times}1, 64 \\ 3{\times}3, 64 \\ 1{\times}1, 256 \end{bmatrix}{\times}3$	$\begin{bmatrix} 1{\times}1, 64 \\ 3{\times}3, 64 \\ 1{\times}1, 256 \end{bmatrix}{\times}3$
conv3_x	28×28	$\begin{bmatrix} 3{\times}3, 128 \\ 3{\times}3, 128 \end{bmatrix}{\times}2$	$\begin{bmatrix} 3{\times}3, 128 \\ 3{\times}3, 128 \end{bmatrix}{\times}4$	$\begin{bmatrix} 1{\times}1, 128 \\ 3{\times}3, 128 \\ 1{\times}1, 512 \end{bmatrix}{\times}4$	$\begin{bmatrix} 1{\times}1, 128 \\ 3{\times}3, 128 \\ 1{\times}1, 512 \end{bmatrix}{\times}4$	$\begin{bmatrix} 1{\times}1, 128 \\ 3{\times}3, 128 \\ 1{\times}1, 512 \end{bmatrix}{\times}8$
conv4_x	14×14	$\begin{bmatrix} 3{\times}3, 256 \\ 3{\times}3, 256 \end{bmatrix}{\times}2$	$\begin{bmatrix} 3{\times}3, 256 \\ 3{\times}3, 256 \end{bmatrix}{\times}6$	$\begin{bmatrix} 1{\times}1, 256 \\ 3{\times}3, 256 \\ 1{\times}1, 1024 \end{bmatrix}{\times}6$	$\begin{bmatrix} 1{\times}1, 256 \\ 3{\times}3, 256 \\ 1{\times}1, 1024 \end{bmatrix}{\times}23$	$\begin{bmatrix} 1{\times}1, 256 \\ 3{\times}3, 256 \\ 1{\times}1, 1024 \end{bmatrix}{\times}36$
conv5_x	7×7	$\begin{bmatrix} 3{\times}3, 512 \\ 3{\times}3, 512 \end{bmatrix}{\times}2$	$\begin{bmatrix} 3{\times}3, 512 \\ 3{\times}3, 512 \end{bmatrix}{\times}3$	$\begin{bmatrix} 1{\times}1, 512 \\ 3{\times}3, 512 \\ 1{\times}1, 2048 \end{bmatrix}{\times}3$	$\begin{bmatrix} 1{\times}1, 512 \\ 3{\times}3, 512 \\ 1{\times}1, 2048 \end{bmatrix}{\times}3$	$\begin{bmatrix} 1{\times}1, 512 \\ 3{\times}3, 512 \\ 1{\times}1, 2048 \end{bmatrix}{\times}3$
	1×1	average pool, 1000-d fc, softmax				
FLOPs		$1.8{\times}10^9$	$3.6{\times}10^9$	$3.8{\times}10^9$	$7.6{\times}10^9$	$11.3{\times}10^9$

图 12-2　ResNet 网络模型详解

　　在 ResNet 中使用了两种残差单元，如图 12-3 所示，图(a)对应浅层网络，图(b)对应深层网络。

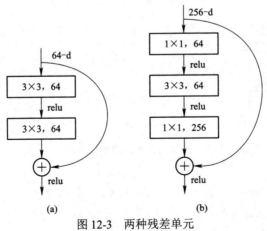

图 12-3　两种残差单元

12.2　ResNet 网络的实现

由上一节可知，ResNet 模型具有 18 层、34 层、50 层、101 层、152 层多种结构，本节我们用 MindSpore 实现 50 层结构。

12.2.1　数据载入及处理

数据集我们仍使用 CIFAR-10 数据集，在前面几章已经对该数据集有了详细的了解，具体代码如下：

```
import mindspore.dataset as ds

data_set_path = "./datasets/cifar-10-batches-bin/"
data_set = ds.Cifar10Dataset(data_set_path, shuffle=False)

# 切分数据集
train_set, test_set = data_set.split([0.8, 0.2])
```

数据处理与上一章稍有不同，代码如下：

```
import mindspore.dataset.vision.c_transforms as C
import mindspore.dataset.transforms.c_transforms as C2
from mindspore.common import dtype as mstype

def deal_data(data_set, mode: str):
    # 输入图片大小
    train_image_size = 224
    # 定义批大小
    batch_size = 16

    # 定义处理算子，使用列表存储算子，减少代码量
    trans = []
    if mode == "train":
        trans += [
            C.RandomCrop((32, 32), (4, 4, 4, 4)),
```

```
                    #以给定的概率随机水平翻转图像
                    C.RandomHorizontalFlip(prob=0.5)
            ]
        trans += [
            C.Resize((train_image_size, train_image_size)),
            C.Rescale(1.0 / 255.0, 0.0),
            C.Normalize([0.4914, 0.4822, 0.4465], [0.2023, 0.1994, 0.2010]),
            C.HWC2CHW()
        ]

    # 转换数据类型算子
    type_cast_op = C2.TypeCast(mstype.int32)

    data_set = data_set.map(operations=type_cast_op, input_columns="label")

    data_set = data_set.map(operations=trans, input_columns="image")
    data_set = data_set.shuffle(buffer_size=1000)
    data_set = data_set.batch(batch_size, drop_remainder=True)
    return data_set
```

12.2.2 构建模型

接下来，我们来实现 ResNet50 模型。

构建残差单元模块，即图 12-3 两种残差单元的(b)图。构建模型代码如下：

```
import mindspore.nn as nn
from mindspore import Tensor
import numpy as np
import mindspore.ops as P

# 参数初始化
def _weight_variable(shape, factor=0.01):
    # *shape 意为将 shape 参数中解包传入，randn 服从标准正态分布
    init_value = np.random.randn(*shape).astype(np.float32) * factor
```

```
        return Tensor(init_value)

# 3*3 卷积层
def _conv3x3(in_channel, out_channel, stride=1):
    weight_shape = (out_channel, in_channel, 3, 3)
    weight = _weight_variable(weight_shape)
    return nn.Conv2d(in_channel, out_channel,
        kernel_size=3, stride=stride, padding=0, pad_mode='same', weight_init=weight)

# 1*1 卷积层
def _conv1x1(in_channel, out_channel, stride=1):
    weight_shape = (out_channel, in_channel, 1, 1)
    weight = _weight_variable(weight_shape)
    return nn.Conv2d(in_channel, out_channel,
        kernel_size=1, stride=stride, padding=0, pad_mode='same', weight_init=weight)

# 7*7 卷积层
def _conv7x7(in_channel, out_channel, stride=1):
    weight_shape = (out_channel, in_channel, 7, 7)
    weight = _weight_variable(weight_shape)
    return nn.Conv2d(in_channel, out_channel,
        kernel_size=7, stride=stride, padding=0, pad_mode='same', weight_init=weight)

# 批标准化
def _bn(channel):
    return nn.BatchNorm2d(channel, eps=1e-4, momentum=0.9,
        gamma_init=1, beta_init=0, moving_mean_init=0, moving_var_init=1)

# 最后的批标准化
def _bn_last(channel):
    return nn.BatchNorm2d(channel, eps=1e-4, momentum=0.9,
        gamma_init=0, beta_init=0, moving_mean_init=0, moving_var_init=1)
```

```python
# 全连接层
def _fc(in_channel, out_channel):
    weight_shape = (out_channel, in_channel)
    weight = _weight_variable(weight_shape)
    return nn.Dense(in_channel, out_channel, has_bias=True, weight_init=weight, bias_init=0)


class ResidualBlock(nn.Cell):
    """
    残差模块
    """
    expansion = 4

    def __init__(self,
                 in_channel,
                 out_channel,
                 stride=1):
        super(ResidualBlock, self).__init__()
        # 计算通过数
        channel = out_channel // self.expansion
        self.conv1 = _conv1x1(in_channel, channel, stride=1)
        self.bn1 = _bn(channel)

        self.conv2 = _conv3x3(channel, channel, stride=stride)
        self.bn2 = _bn(channel)

        self.conv3 = _conv1x1(channel, out_channel, stride=1)
        self.bn3 = _bn_last(out_channel)
        # relu 激活函数
        self.relu = nn.ReLU()
        # 下采样标志
        self.down_sample = False
        # 当步长不为 1 或输入通道与输出通道不等时，需要下采样
```

```
        if stride != 1 or in_channel != out_channel:
            self.down_sample = True
        self.down_sample_layer = None

        if self.down_sample:
            self.down_sample_layer = nn.SequentialCell([_conv1x1(in_channel, out_channel, stride),
                _bn(out_channel)])
        self.add = P.Add()

    def construct(self, x):
        identity = x

        out = self.conv1(x)
        out = self.bn1(out)
        out = self.relu(out)

        out = self.conv2(out)
        out = self.bn2(out)
        out = self.relu(out)

        out = self.conv3(out)
        out = self.bn3(out)

        if self.down_sample:
            identity = self.down_sample_layer(identity)

        out = self.add(out, identity)
        out = self.relu(out)

        return out
```

在上述代码中，我们首次使用批标准化算子(BatchNorm2d)，该方法在论文 "Batch Normalization: Accelerating Deep Network Training by Reducing Internal Covariate Shift" 中提

出，能够使一批特征图满足均值为 0，方差为 1 的分布规律。其计算公式为

$$y = \frac{x - \text{mean}(x)}{\sqrt{\text{Var}(x) + \text{eps}}} \times \text{gamma} + \text{beta}$$

其中，mean 为平均值，Var 为方差。在 nn.BatchNorm2d 算子中，momentum 参数用于计算平均值和方差，一般设为 0.9。

接着，构建整个 ResNet50 模块，代码如下：

```python
from mindspore.ops import operations as P
from mindspore import Tensor

class ResNet50(nn.Cell):
    """
    ResNet50 结构
    """
    def __init__(self,
                 block=ResidualBlock,
                 layer_nums=[3, 4, 6, 3],
                 in_channels=[64, 256, 512, 1024],
                 out_channels=[256, 512, 1024, 2048],
                 strides=[1, 2, 2, 2],
                 num_classes=10):
        super(ResNet50, self).__init__()
        # 保证输入的维度都是四维
        if not len(layer_nums) == len(in_channels) == len(out_channels) == 4:
            raise ValueError("the length of layer_num, in_channels, out_channels list must be 4!")

        self.conv1 = _conv7x7(3, 64, stride=2)
        self.bn1 = _bn(64)
        # ReLU 激活函数
        self.relu = P.ReLU()
        # 最大池化算子
        self.maxpool = nn.MaxPool2d(kernel_size=3, stride=2, pad_mode="same")
```

```
        self.layer1 = self._make_layer(block,
                                        layer_nums[0],
                                        in_channel=in_channels[0],
                                        out_channel=out_channels[0],
                                        stride=strides[0])
        self.layer2 = self._make_layer(block,
                                        layer_nums[1],
                                        in_channel=in_channels[1],
                                        out_channel=out_channels[1],
                                        stride=strides[1])
        self.layer3 = self._make_layer(block,
                                        layer_nums[2],
                                        in_channel=in_channels[2],
                                        out_channel=out_channels[2],
                                        stride=strides[2])
        self.layer4 = self._make_layer(block,
                                        layer_nums[3],
                                        in_channel=in_channels[3],
                                        out_channel=out_channels[3],
                                        stride=strides[3])

        self.mean = P.ReduceMean(keep_dims=True)
        # flatten 将多维 Tensor 转成一维
        self.flatten = nn.Flatten()
        self.end_point = _fc(out_channels[3], num_classes)

    def _make_layer(self, block, layer_num, in_channel, out_channel, stride):
        layers = []

        resnet_block = block(in_channel, out_channel, stride=stride)
        layers.append(resnet_block)

        for _ in range(1, layer_num):
```

```
        resnet_block = block(out_channel, out_channel, stride=1)
        layers.append(resnet_block)
    #使用 SequentialCell 方法快速构建一个线性模型结构
    return nn.SequentialCell(layers)

def construct(self, x):
    x = self.conv1(x)

    x = self.bn1(x)

    x = self.relu(x)

    c1 = self.maxpool(x)

    c2 = self.layer1(c1)

    c3 = self.layer2(c2)

    c4 = self.layer3(c3)

    c5 = self.layer4(c4)


    out = self.mean(c5, (2, 3))

    out = self.flatten(out)

    out = self.end_point(out)


    return out
```

其中，ReduceMean 算子用于减少张量中的维度，其方法是将平均该维度中的所有元素，可用 keep_dims=True 保持该维度并使该维度长度为 1。代码如下：

```
x = Tensor(np.random.randn(3, 4, 5, 6).astype(np.float32))
op = ops.ReduceMean(keep_dims=True)
output = op(x, 1)
result = output.shape
print(result)
```

输出结果如下：

```
(3, 1, 5, 6)
```

通过对照图 12-2 网络模型详解并观察上述代码，所做工作就是在复现图 12-2 网络模型详解，整个过程类似于搭积木一样轻松。

12.2.3　训练模型

设置配置参数，代码如下：

```python
from mindspore import context, Tensor
import mindspore.nn as nn
from mindspore.train import Model
from mindspore.nn.metrics import Accuracy

context.set_context(mode=context.GRAPH_MODE, device_target="GPU")
epoch = 1
one_epoch_steps = int(6000 * 0.8 // 16)

train_data = deal_data(train_set, "train")
net = ResNet50()

# 设置动态学习率
def get_lr(steps_per_epoch, total_epochs, lr_max=0.1):
    lr_each_step = []
    total_steps = steps_per_epoch * total_epochs
    decay_epoch_index = [0.3 * total_steps, 0.6 * total_steps, 0.8 * total_steps]
    for i in range(total_steps):
        if i<decay_epoch_index[0]:
            lr = lr_max
        elifi<decay_epoch_index[1]:
            lr = lr_max * 0.1
        elifi<decay_epoch_index[2]:
            lr = lr_max * 0.01
        else:
            lr = lr_max * 0.001
        lr_each_step.append(lr)

lr_each_step = np.array(lr_each_step).astype(np.float32)
```

```
        return lr_each_step

    lr = Tensor(get_lr(one_epoch_steps, epoch))

    # 设置损失函数
    loss = nn.SoftmaxCrossEntropyWithLogits(sparse=True, reduction='mean')
    # 优化器
    opt = nn.Momentum(net.trainable_params(), lr, 0.9)
    model = Model(net, loss, opt, metrics={"Accuracy": Accuracy()})
```

训练配置代码如下：

```
from mindspore.train import Model
from mindspore.nn.metrics import Accuracy
from mindspore.train.callback import ModelCheckpoint, CheckpointConfig, LossMonitor,
TimeMonitor

# ckpt 配置
time_cb = TimeMonitor(data_size=one_epoch_steps)
loss_cb = LossMonitor()
config_ck = CheckpointConfig(save_checkpoint_steps=one_epoch_steps),
                            keep_checkpoint_max=10)
ckpoint_cb = ModelCheckpoint(prefix="checkpoint_resnet", directory="resnet_ckpt",
                            config=config_ck)
model.train(epoch, train_data, callbacks=[ckpoint_cb, loss_cb, time_cb],
            dataset_sink_mode=True)
```

训练结果如下：

```
epoch: 1 step: 3000, loss is 2.1956606
epoch time: 318 287.480 ms, per step time: 106.096 ms
```

由训练结果看，在使用 GPU 训练的情况下，1 个 epoch 耗费时间较长，同样的，对于 ResNet50 这种深层次网络，1 个 epoch 是远远不够的，在官方设置中，epoch 设置为 90。

12.2.4 评估模型

模型评估方法与上一章类似，代码如下：

```
from mindspore.train.serialization import load_checkpoint, load_param_into_net

# 载入训练参数，将文件路径改为保存 ckpt 的路径
param_dict = load_checkpoint("./resnet_ckpt/checkpoint_resnet-1_3000.ckpt")
# 将参数导入当前模型
load_param_into_net(net, param_dict)
ds_eval = deal_data(test_set, mode="test")
acc = model.eval(ds_eval, dataset_sink_mode=True)
print(f"acc:{acc}")
```

12.3　总　　结

在本章，我们首次实现了非线性结构的 ResNet 网络，用到的技巧有：

- 在图像处理时可以使用列表定义算子，而不用多次使用 map 方法；
- 使用 ReduceMean 减少张量维度；
- mindspore.ops.operations 中包含了很多张量计算方法；
- 使用 flatten 算子可将多维张量转换为一维；
- 可以通过 nn.SequentialCell 方法快速构建线性结构；
- 继承于 nn.Cell 的类可以被其他继承于 nn.Cell 的类使用。

第 13 章　LSTM 网络的实现

本章是对官方 LSTM 网络实现的分解说明，官方地址：https://gitee.com/mindspore/ models/tree/r1.5/official/nlp/lstm。

13.1　aclImdb_v1 数据集

在理论部分第 4 章，我们已经对 LSTM 网络有了解，在此不再赘述。

本章使用的 aclImdb_v1 数据集，是一个大型电影评论数据集，其中有 25 000 条电影评论用于训练，25 000 条用于测试，还包含其他未经标记数据。

aclImdb_v1 下载地址：http://ai.stanford.edu/~amaas/data/sentiment/ aclImdb_v1.tar.gz。下载并解压之后，将得到以下目录结构：

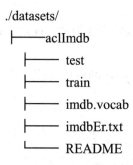

```
./datasets/
├──── aclImdb
      ├──── test
      ├──── train
      ├──── imdb.vocab
      ├──── imdbEr.txt
      └──── README
```

在 README 中有对各个文件的详细解释，在此我们仅关注 train 和 test 两个文件夹。在 train 中包含 neg、pos 两个文件夹，分别存放消极和积极评论，其中每个文件的命名规则是 id_rating.txt，即一个唯一 ID 加上评论星级(从 1 到 10)。unsup 中存放的为未标记星级的数据(即标记为 0)。

13.2　LSTM 网络的实现

13.2.1　准备数据集

在本章第一节中，我们已获取到了大型电影评论数据集 aclImdb_v1 用于训练评估。为将单词转化为向量表示，我们需要下载 Glove 文件(地址：https://nlp.stanford.edu/data/glove.6B.zip)。解压之后结构如下：

```
./datasets/
├──glove.6B
    ├── glove.6B.100d.txt
    ├── glove.6B.200d.txt
    ├── glove.6B.300d.txt        # 后续会用到这个文件
    └── glove.6B.50d.txt
```

在 glove.6B.300d.txt 文件开头增加一行。用来读取 40 万个单词，每个单词由 300 维度的词向量来表示。

```
400 000        300
```

13.2.2　生成适用于 MindSpore 的数据集

为了在 MindSpore 中使用 aclImdb_v1 数据集，需要提取数据集内容并转成 mindrecord 格式。

在 MindSpore 官方代码库(https://gitee.com/mindspore/models/blob/r1.5/official/ nlp/lstm/src/imdb.py)中，已经提供了这一部分代码，见下。

提取数据类，代码如下：

```
import os
from itertools import chain
import numpy as np
import gensim


class ImdbParser():
    """
```

```
    提取 aclImdb 数据特征及标签.
    sentence->tokenized->encoded->padding->features
    """


def __init__(self, imdb_path, glove_path, embed_size=300):
    self.__segs = ['train', 'test']
    self.__label_dic = {'pos': 1, 'neg': 0}
    self.__imdb_path = imdb_path
    self.__glove_dim = embed_size
    self.__glove_file = os.path.join(glove_path, 'glove.6B.' + str(self.__glove_dim) + 'd.txt')


    # properties
    self.__imdb_datas = {}
    self.__features = {}
    self.__labels = {}
    self.__vacab = {}
    self.__word2idx = {}
    self.__weight_np = {}
    self.__wvmodel = None


def parse(self):
    """
    将 glove 数据载入内存
    """
    self.__wvmodel = gensim.models.KeyedVectors.load_word2vec_format (self.__glove_file)


    for seg in self.__segs:
        self.__parse_imdb_datas(seg)
        self.__parse_features_and_labels(seg)
        self.__gen_weight_np(seg)


    def __parse_imdb_datas(self, seg):
        """
```

```
        从 txt 中载入 imdb 数据
        """
        data_lists = [ ]
        for label_name, label_id in self.__label_dic.items():
            sentence_dir = os.path.join(self.__imdb_path, seg, label_name)
            for file in os.listdir(sentence_dir):
                with open(os.path.join(sentence_dir, file), mode='r', encoding='utf8') as f:
                    sentence = f.read().replace('\n', '')
                    data_lists.append([sentence, label_id])
        self.__imdb_datas[seg] = data_lists


    def __parse_features_and_labels(self, seg):
        """
        将特征和标签分别存储到 self.__features[seg]和 self.__labels[seg]中
        """
        features = [ ]
        labels = [ ]
        for sentence, label in self.__imdb_datas[seg]:
        features.append(sentence)
        labels.append(label)


self.__features[seg] = features
self.__labels[seg] = labels


# update feature to tokenized
self.__updata_features_to_tokenized(seg)
# parse vacab
self.__parse_vacab(seg)
# encode feature
self.__encode_features(seg)
# padding feature
self.__padding_features(seg)
```

```python
    def __updata_features_to_tokenized(self, seg):
        tokenized_features = [ ]
        for sentence in self.__features[seg]:
            tokenized_sentence = [word.lower() for word in sentence.split(" ")]
            tokenized_features.append(tokenized_sentence)
            self.__features[seg] = tokenized_features


    def __parse_vacab(self, seg):
        # vocab
        tokenized_features = self.__features[seg]
        vocab = set(chain(*tokenized_features))
        self.__vacab[seg] = vocab

        word_to_idx = {word: i + 1 for i, word in enumerate(vocab)}
        word_to_idx['<unk>'] = 0
        self.__word2idx[seg] = word_to_idx


    def __encode_features(self, seg):
        """ 将单词转化为载引值 """
        word_to_idx = self.__word2idx['train']
        encoded_features = [ ]
        for tokenized_sentence in self.__features[seg]:
            encoded_sentence = [ ]
            for word in tokenized_sentence:
                encoded_sentence.append(word_to_idx.get(word, 0))
            encoded_features.append(encoded_sentence)
        self.__features[seg] = encoded_features


    def __padding_features(self, seg, maxlen=500, pad=0):
        """ 使所有特征长度一致 """
        padded_features = [ ]
        for feature in self.__features[seg]:
            if len(feature) >= maxlen:
```

```
                    padded_feature = feature[:maxlen]
            else:
                    padded_feature = feature
                    while len(padded_feature) <maxlen:
                            padded_feature.append(pad)
                padded_features.append(padded_feature)
        self.__features[seg] = padded_features


    def __gen_weight_np(self, seg):
        """
        使用 gensim 生成权重
        """
        weight_np = np.zeros((len(self.__word2idx[seg]), self.__glove_dim), dtype=np. float32)
        for word, idx in self.__word2idx[seg].items():
            if word not in self.__wvmodel:
                continue
            word_vector = self.__wvmodel.get_vector(word)
            weight_np[idx, :] = word_vector


        self.__weight_np[seg] = weight_np


    def get_datas(self, seg):
        """
        get features, labels, and weight by gensim.
        """
        features = np.array(self.__features[seg]).astype(np.int32)
        labels = np.array(self.__labels[seg]).astype(np.int32)
        weight = np.array(self.__weight_np[seg])
        return features, labels, weight
```

数据处理及增强代码如下：

```
import os
import numpy as np
```

```
import mindspore.dataset as ds
from mindspore.mindrecord import FileWriter


def lstm_create_dataset(data_home, batch_size, repeat_num=1, training=True, device_num=1,
                        rank=0):
    """数据处理"""
    ds.config.set_seed(1)
    data_dir = os.path.join(data_home, "aclImdb_train.mindrecord0")
    if not training:
        data_dir = os.path.join(data_home, "aclImdb_test.mindrecord0")

    data_set = ds.MindDataset(data_dir, columns_list=["feature", "label"], num_parallel
        _workers=4, num_shards=device_num, shard_id=rank)


    # 对数据集进行映射
    data_set = data_set.shuffle(buffer_size=data_set.get_dataset_size())
    data_set = data_set.batch(batch_size=batch_size, drop_remainder=True)
    data_set = data_set.repeat(count=repeat_num)


    return data_set


def _convert_to_mindrecord(data_home, features, labels, weight_np=None, training=True):
    """
    将 imdb 数据集转为 mindrecord 格式
    """
    if weight_np is not None:
        np.savetxt(os.path.join(data_home, 'weight.txt'), weight_np)

    # writemindrecord
    schema_json = {"id": {"type": "int32"},
                   "label": {"type": "int32"},
                   "feature": {"type": "int32", "shape": [-1]}}
```

```
        data_dir = os.path.join(data_home, "aclImdb_train.mindrecord")
        if not training:
            data_dir = os.path.join(data_home, "aclImdb_test.mindrecord")

        def get_imdb_data(features, labels):
            data_list = [ ]
            for i, (label, feature) in enumerate(zip(labels, features)):
                data_json = {"id": i,
                             "label": int(label),
                             "feature": feature.reshape(-1)}
                data_list.append(data_json)
            return data_list

        writer = FileWriter(data_dir, shard_num=4)
        data = get_imdb_data(features, labels)
        writer.add_schema(schema_json, "nlp_schema")
        writer.add_index(["id", "label"])
        writer.write_raw_data(data)
        writer.commit()


    def convert_to_mindrecord(embed_size, aclImdb_path, preprocess_path, glove_path):
        """
        convert imdb dataset to mindrecord dataset
        """
        parser = ImdbParser(aclImdb_path, glove_path, embed_size)
        parser.parse()

        if not os.path.exists(preprocess_path):
            print(f"preprocess path {preprocess_path} is not exist")
            os.makedirs(preprocess_path)

        train_features, train_labels, train_weight_np = parser.get_datas('train')
        _convert_to_mindrecord(preprocess_path, train_features, train_labels, train_weight_np)
```

```
    test_features, test_labels, _ = parser.get_datas('test')
    _convert_to_mindrecord(preprocess_path, test_features, test_labels, training=False)
```

在此有必要简单介绍一下 gensim 模块，gensim 是一款开源的第三方 Python 工具包，用于从原始的非结构化的文本中，无监督地学习到文本隐含层的主题向量表达。gensim 模块安装极其简单，只需运行 pip install gensim 即可。

13.2.3　构建模型

模型构建代码如下：

```python
import numpy as np

from mindspore import Tensor, nn, context
from mindspore.ops import operations as P

# Initialize short-term memory (h) and long-term memory (c) to 0
def lstm_default_state(batch_size, hidden_size, num_layers, bidirectional):
    """输入初始化"""
    num_directions = 1
    if bidirectional:
        num_directions = 2

    if context.get_context("device_target") == "CPU":
        h_list = [ ]
        c_list = [ ]
        i = 0
        while i<num_layers:
            hi = Tensor(np.zeros((num_directions, batch_size, hidden_size)).astype
                        (np.float32))
            h_list.append(hi)
            ci = Tensor(np.zeros((num_directions, batch_size, hidden_size)).astype
                        (np.float32))
            c_list.append(ci)
```

```
                i = i + 1
        h = tuple(h_list)
        c = tuple(c_list)
        return h, c


    h = Tensor(
        np.zeros((num_layers * num_directions, batch_size,
                hidden_size)). astype (np.float32))
    c = Tensor(
        np.zeros((num_layers * num_directions, batch_size,
                hidden_size)).astype (np.float32))
    return h, c


#构建网络
class SentimentNet(nn.Cell):
    """Sentiment network structure."""

    def __init__(self,
                    vocab_size,
                    embed_size,
                    num_hiddens,
                    num_layers,
                    bidirectional,
                    num_classes,
                    weight,
                    batch_size):
        super(SentimentNet, self).__init__()
        # 词嵌入
        self.embedding = nn.Embedding(vocab_size,
                                        embed_size,
                                        embedding_table=weight)
        self.embedding.embedding_table.requires_grad = False
        # 转置
```

```
        self.trans = P.Transpose()
        #转置的参数，即按这个顺序转置
        self.perm = (1, 0, 2)
        self.encoder = nn.LSTM(input_size=embed_size,
                                hidden_size=num_hiddens,
                                num_layers=num_layers,
                                has_bias=True,
                                bidirectional=bidirectional,
                                dropout=0.0)

        self.h, self.c = lstm_default_state(batch_size, num_hiddens, num_layers, bidirectional)
        # Tensor 连接算子
        self.concat = P.Concat(1)
        if bidirectional:
            self.decoder = nn.Dense(num_hiddens * 4, num_classes)
        else:
            self.decoder = nn.Dense(num_hiddens * 2, num_classes)

    def construct(self, inputs):
        # input：(64,500,300)
        embeddings = self.embedding(inputs)
        embeddings = self.trans(embeddings, self.perm)
        output, _ = self.encoder(embeddings, (self.h, self.c))
        # states[i] size(64,200)    ->encoding.size(64,400)
        encoding = self.concat((output[0], output[499]))
        outputs = self.decoder(encoding)
        return outputs
```

在构建模型时，首次遇见过 embedding 算子，该模块通常用于存储词嵌入并使用索引检索它们。该模块的输入是索引列表，输出是相应的词嵌入。例，输入为：

```
        import mindspore
        import mindspore.nn as nn


        net = nn.Embedding(20000, 768, True)
```

```
x = Tensor(np.ones([8, 128]), mindspore.int32)
# Maps the input word IDs to word embedding.
output = net(x)
result = output.shape
print(result)
```

输出为

```
(8, 128, 768)
```

另一个算子是 Concat，可以在指定轴上连接张量。以下例子在第一轴上进行连接：

```
input_x1 = Tensor(np.array([[0, 1], [2, 1]]).astype(np.float32))
input_x2 = Tensor(np.array([[0, 1], [2, 1]]).astype(np.float32))
op = ops.Concat(1)
output = op((input_x1, input_x2))
print(output)
```

输出为

```
[[0. 1. 0. 1.]
 [2. 1. 2. 1.]]
```

13.2.4 训练模型

训练代码如下：

```
import os

import numpy as np
from mindspore import Tensor, nn, Model, context
from mindspore.nn import Accuracy
from mindspore.train.callback import LossMonitor, CheckpointConfig, ModelCheckpoint, TimeMonitor
from mindspore.train.serialization import load_param_into_net, load_checkpoint

context.set_context(mode=context.GRAPH_MODE, device_target="GPU")
# 学习率
lr = 0.1
# 动量
```

```
momentum = 0.9
# 训练批次
epoch = 1
batch_size = 32
embed_size = 300
aclImdb_path = "./datasets/aclImdb/"
preprocess_path = "./preprocess"
glove_path = "./datasets/glove.6B/"
num_classes = 2


convert_to_mindrecord(embed_size, aclImdb_path, preprocess_path, glove_path)
embedding_table = np.loadtxt(os.path.join(preprocess_path, "weight.txt")).astype (np.float32)
network = SentimentNet(vocab_size=embedding_table.shape[0],
                       embed_size=embed_size,
                       num_hiddens=100,
                       num_layers=2,
                       bidirectional=True,
                       num_classes=num_classes,
                       weight=Tensor(embedding_table),
                       batch_size=batch_size)
# 损失函数
loss = nn.SoftmaxCrossEntropyWithLogits(sparse=True)
# 优化器
opt = nn.Momentum(network.trainable_params(), lr, momentum)
# loss callback
loss_cb = LossMonitor()


model = Model(network, loss_fn=loss, optimizer=opt, metrics={'acc': Accuracy()})


print("=============== Starting Training ===============")
# 生成训练数据
ds_train = lstm_create_dataset(preprocess_path, batch_size, epoch)
# 模型存储策略
```

```
config_ck = CheckpointConfig(save_checkpoint_steps=390,
                             keep_checkpoint_max=10)
ckpoint_cb = ModelCheckpoint(prefix="lstm", directory="lstm_ckpt", config=config_ck)
time_cb = TimeMonitor(data_size=ds_train.get_dataset_size())
model.train(epoch, ds_train, callbacks=[time_cb, ckpoint_cb, loss_cb])
print("================ Training Success ================")
```

其输出如下：

```
================ Starting Training ================
epoch: 1 step: 1562, loss is 0.8616373
epoch time: 72951.497 ms, per step time: 46.704 ms
================ Training Success ================
```

在官方文档中，训练批次设定为 20，考虑大多数试验设备性能，训练批次只设定为 1。模型评估与前几章大同小异，不再赘述。

至此，可以发现无论是在计算机视觉还是在自然语言处理中，使用 MindSpore 训练一个模型的基本步骤是：载入数据、数据处理、构建模型、进行训练。正是由于 MindSpore 框架的易用性，各种优化器与损失函数均已实现，我们要做的仅是正确选择这些算子而已。

13.3 总　　结

本章，我们首次实现了自然语言处理中的 LSTM 模型，由此可总结出训练一个模型的通用步骤：

(1) 载入数据；

(2) 处理数据；

(3) 构建模型；

(4) 训练模型；

(5) 评估模型。

在此章节，我们也使用了一些新的算子：

- 使用 Concat 在指定轴连接两个 Tensor；
- 使用 Embedding 存储词嵌入并使用索引检索它们。